世界遺産シリーズ

# 世界遺産ガイド

－ドイツ編－

## 《目　次》

■ドイツの概要　5

　　□ドイツの行政区分　10
　　□ドイツの16の州　11

■ドイツの世界遺産の概要　13

　　□ドイツの世界遺産分布図　14
　　□ドイツの世界遺産　登録基準の登録基準の一覧　16
　　□ドイツの世界遺産　所在地の行政区分　17
　　□ドイツの世界遺産　遺産種別と登録物件数の推移　18
　　□ドイツの世界遺産　登録物件数の世界的なポジション　19
　　□ドイツの世界遺産登録の歩み　20
　　□ドイツの世界遺産関係機関　21

■ドイツの世界遺産の各物件の概要

　　□アーヘン大聖堂　24
　　□シュパイアー大聖堂　26
　　□ヴュルツブルクの司教館、庭園と広場　28
　　□ヴィースの巡礼教会　30
　　□ブリュールのアウグストスブルク城とファルケンルスト城　32
　　□ヒルデスハイムの聖マリア大聖堂と聖ミヒャエル教会　34
　　□トリーアのローマ遺跡、聖ペテロ大聖堂、聖母教会　36
　　□ハンザ同盟の都市リューベック　38
　　□ポツダムとベルリンの公園と宮殿　40
　　□ロルシュの修道院とアルテンミュンスター　42
　　□ランメルスベルク旧鉱山と古都ゴスラー　44
　　□バンベルクの町　46
　　□マウルブロンの修道院群　48
　　□クヴェートリンブルクの教会と城郭と旧市街　50
　　□フェルクリンゲン製鉄所　52
　　□メッセル・ピット化石発掘地　54
　　□ケルン大聖堂　56
　　□ワイマールおよびデッサウにあるバウハウスおよび関連遺産群　58
　　□アイスレーベンおよびヴィッテンベルクにあるルター記念碑　60
　　□クラシカル・ワイマール　62
　　□ベルリンのムゼウムスインゼル（美術館島）　64
　　□ヴァルトブルク城　66
　　□デッサウ-ヴェルリッツの庭園王国　68
　　□ライヒェナウ修道院島　70
　　□エッセンの関税同盟炭坑の産業遺産　72

世界遺産ガイド—ドイツ編—

　　　□ライン川上中流域の渓谷　74
　　　□シュトラールズントとヴィスマルの歴史地区　76
　　　□ドレスデンのエルベ渓谷　78
　　　□ブレーメンのマルクト広場にある市庁舎とローランド像　80
　　　□ムスカウ公園/ムザコフスキー公園　82

■ドイツの世界遺産暫定リスト記載物件

　　　□暫定リスト記載物件　86
　　　■ハイデルベルクの城郭と旧市街　88
　　　■ワッデン海域　90
　　　■レーゲンスブルグ旧市街　92
　　　■バイロイト辺境伯の歌劇場　94
　　　■鉱石山脈：鉱山と文化的景観　96
　　　■シュヴェツィンゲンの城と庭園　98
　　　■カール・ベンシャイトのファグス製靴工場　100
　　　■ハンブルクのチリハウス　102
　　　■ハレのフランケ財団　104
　　　■ナウムブルク大聖堂　106
　　　■ドイツ北部とのローマ帝国の境界線（リーメス）　108

■参考
　　　□ドイツの街道　112
　　　□2006年サッカー ワールドカップ ドイツ大会開催地　114
　　　□ドイツの祭り・イベント　115

■ドイツと日本との国際交流　117

■索　引　121

---

＜資料・写真　提供＞
ドイツ観光局、Bayern Tourismus、Berliner Rathaus、Volklinger Eisenhutte、Universitaet des Saarlandes/Dr.Heinz-Dirk Luckhardt、NRW Japan、Rhein-Touristik Tal der Loreley／Claudia Schwarz、Rhineland-Palatinate Tourism Board／Katrin Schneider、Baden-Wurttemberg、Koln Tourismus、Heidelberger Kongress und Tourismus GmbH、Common Wadden Sea Secretatiat,Stadt Wilheimshaven、Opera House of Bayreuth/Frank Nicklas、Stadt Seiffen,Fremdenverkehrsamt、Stadt Schwetzingen、Fagus-GreCon、DIFA Deutsche Immobilien Fonds AG、Naumburg City Hall、Franckesche Stiftungen zu Halle、Verein Deutsche Limes-Strasse、世界遺産総合研究所、古田陽久

シンクタンクせとうち総合研究機構

# ドイツの概要

ポツダムとベルリンの公園と宮殿
ポツダムにあるサンスーシ宮殿

## ドイツ連邦共和国
### Federal Republic of Germany

**国名の由来** ドイツは、「民衆、同胞」を意味する高地ドイツ語。英語のジャーマニーは、ゲルマン（異邦人という意味）民族の名に因る。
**国旗の意味** 黒は勤勉と力、赤は熱血、金は栄誉を表す。
**国歌** Deutschlandlied（Song of Germany）
**国祭日** 10月3日（ドイツ統一の日）ほか
**国花（樹）** ヤグルマソウ

| 国連加盟 | 1973年 |
|---|---|
| ユネスコ加盟 | 1951年 |
| 世界遺産条約締約 | 1976年 |

## ドイツの概要

| | |
|---|---|
| 地域区分 | Europe |
| 面積 | 35.7万km²（日本の約94％） |
| 人口 | 8,254万人（2003年） |
| 人口密度 | 約230人／km2 |
| 首都 | ベルリン（人口 約340万人） |
| 人種 | ゲルマン系を主体とするドイツ民族 |
| 言語 | ドイツ語 |
| 宗教 | プロテスタント、カトリック |
| 略史 | 378年　ゲルマン民族、ローマ帝国領内に侵入。 |
| | 911年　選挙王政による初代ドイツ国王コンラート1世即位。 |
| | 962年　神聖ローマ帝国成立、1806年にナポレオンに倒されるまで続く。 |
| | 1701年　プロイセン王国成立、1871年にドイツ帝国誕生まで続く。 |
| | 1871年　ドイツ帝国成立（いわゆる「ビスマルク憲法」制定） |
| | 1918年　第1次世界大戦に敗北。ドイツ革命、ワイマール共和国成立。 |
| | 1933年　ヒトラー首相に就任、ナチ党の一党独裁制確立（～45年） |
| | 1949年　西独基本法の成立、西独、東独の成立 |
| | 1961年　「ベルリンの壁」構築 |
| | 1972年　東西両独、基本条約を締結、関係正常化 |
| | 1989年11月　「ベルリンの壁」開放 |
| | 1990年10月　統一達成 |
| 気候 | 国土の大半は温帯。日本と同様四季の区別がはっきりしている。 |
| 自然環境 | |
| 山地・山脈 | アルプス山脈、エルツ山脈、ハルツ山地、ライン山地、ウェーザー山脈、ローヌ山脈、レーン山脈、シュペッサルト山脈、フィヒテル山脈 |
| ヴァルト | シュヴァルツヴァルト（黒い森）、オーデンヴァルト、テューリンゲンヴァルト、ベーマーヴァルト |
| 高原 | ロートハール高原、アイフェル高原 |
| 平原 | 北ドイツ平原 |
| 盆地 | ニーダーライン盆地、ヴェストファーレン盆地、ザクセン・テューリンゲン盆地 |
| 河川 | エルベ川、ライン川、マイン川、モーゼル川、ウェーザー川、ヴェラ川、ドナウ川、ネッカー川、イン川、フェル川、ザーレ川 |
| 運河 | エルベ・ザイテン運河、マイン・ドナウ運河、ドルトムント・エムス運河、ミッテルラント運河、キール運河 |
| 海 | 北海、バルト海 |
| 湖 | ボーデン湖、シュタルンベルガー湖、キーム湖、ケーニヒ湖、コンスタンツ湖、ミューリッツ湖、シュヴェリン湖 |

| | |
|---|---|
| 島 | ボルクム島、ノルデナイ島、ズュルト島、ヘルゴラント島、リューゲン島、ヒッデンゼー島、ウーゼムフ島、ペール島、フェーマルン島 |
| 動物 | ウサギ、リス、鹿、イノシシ、ヤマネ |
| 植物 | バラ、スズラン、アイリス、エリカ |

## ユネスコ世界遺産

❶アーヘン大聖堂 ❷シュパイアー大聖堂 ❸ヴュルツブルクの司教館、庭園と広場 ❹ヴィースの巡礼教会 ❺ブリュールのアウグストスブルク城とファルケンルスト城 ❻ヒルデスハイムの聖マリア大聖堂と聖ミヒャエル教会 ❼トリーアのローマ遺跡、聖ペテロ大聖堂、聖母教会 ❽ハンザ同盟の都市リューベック ❾ポツダムとベルリンの公園と宮殿、❿ロルシュの修道院とアルテンミュンスター ⓫ランメルスベルク旧鉱山と古都ゴスラー、⓬バンベルクの町 ⓭マウルブロンの修道院群 ⓮クヴェートリンブルクの教会と城郭と旧市街 ⓯フェルクリンゲン製鉄所 ⓰メッセル・ピット化石発掘地 ⓱ケルン大聖堂 ⓲ワイマールおよびデッサウにあるバウハウスおよび関連遺産群 ⓳アイスレーベンおよびヴィッテンベルクにあるルター記念碑 ⓴クラシカル・ワイマール ㉑ベルリンのムゼウムスインゼル（美術館島）㉒ヴァルトブルク城 ㉓デッサウ-ヴェルリッツの庭園王国 ㉔ライヒェナウ修道院島 ㉕エッセンの関税同盟炭坑の産業遺産 ㉖ライン川上中流域の渓谷 ㉗シュトラールズントとヴィスマルの歴史地区 ㉘ドレスデンのエルベ渓谷 ㉙ブレーメンのマルクト広場にある市庁舎とローランド像 ㉚ムスカウ公園／ムザコフスキー公園

## 暫定リスト記載物件

● 20世紀のベルリンのSettlements ● レーゲンスブルグ旧市街 ● ヴィルヘルムスヘ宮殿公園 ● 前ヴェネディクト会修道院と伝道教会 ● ハイデルベルグの町と城 ● バイロイトの辺境伯の歌劇場 ● 鉱石山脈：鉱山と文化的景観 ● シュヴェツィンゲンの城と庭園 ● カール・ベンシャイトのファグス製靴工場 ● ハンブルクのチリハウス ● ナウムブルク大聖堂 ● ドイツ北部とのローマ帝国の境界線（リーメス）● ワッデン海域

## ユネスコ史料遺産（MOW）

● ベルリン録音資料館の世界伝統音楽の初期のシリンダー録音　国立ベルリン民族学博物館
● ルードヴィヒ・ヴァン・ベートーヴェン交響曲第9番 ニ短調 作品125　ベルリン国立図書館
● ゲーテの文献ゲーテ・シラー資料館　ワイマール
● グーテンベルクの42行聖書　国立ニーダーザクセン大学図書館、ゲッチンゲン
● メトロポリス　フリードリヒ・イルヘルム・ムルナウ財団、ウィスバーデン
● ライヒェナウ修道院（コンスタンス湖）で生み出されたオットー朝からの彩飾写本

| | |
|---|---|
| 政体 | 連邦共和制（16州） |
| 州 | バーデン・ヴュルテンベルク州、バイエルン州、ベルリン州、ブランデンブルク州、ブレーメン州、ハンブルク州、ヘッセン州、メクレンブルク・フォアポンメルン州、ニーダーザクセン州、ノルトライン・ヴェストファーレン州、ラインラント・プファルツ州、ザールラント州、ザクセン州、ザクセン・アンハルト州、シュレースヴィヒ・ホルシュタイン州、テューリンゲン州 |
| 元首 | ホルスト・ケーラー大統領（2004年7月1日就任、任期5年） |
| 主要産業 | 自動車、化学、機械、電気、鉄鋼 |
| 主要輸出品 | 自動車、機械製作機、化学製品、医薬品 |
| 主要輸入品 | 化学製品、電機工学製品、自動車 |
| 主要輸出先 | EU、日本、仏、米、英 |
| 主要輸入先 | EU、日本、仏、オランダ、米 |
| 日本の対独主要輸出品目 | 乗用車、集積回路、送信機器 |

## ドイツの概要

| | |
|---|---|
| 日本の対独主要輸入品目 | 乗用車、集積回路、医薬品 |
| GDP | 2兆2710億ドル　一人当たりGDP　27,600ドル |
| 通貨 | ユーロ |
| 為替レート | 1ユーロ＝約130円（2005年6月） |
| 在留邦人数 | 27,810人（2002年10月現在） |
| 在日当該国人数 | 2,501人（2003年12月現在） |
| 日本との時差 | －8時間（冬時間）、－7時間（夏時間） |
| 空港 | フランクフルト・マイン国際空港、テーゲル国際空港（ベルリン）、ミュンヘン国際空港、ブレーメン国際空港 |
| 航空会社 | ルフトハンザドイツ航空、エアーベルリン |
| 在日大使館 | ドイツ連邦共和国大使館 |
| | 〒106-0047　東京都港区南麻布4丁目5-10　℡03-3473-0151 |
| | 大阪神戸ドイツ連邦共和国総領事館 |
| | 〒531-6035　大阪市北区大淀中1-1-88-3501　梅田スカイビルタワーイースト35F |
| | ℡06-6440-5070 |
| 在日観光局 | ドイツ観光局　〒107-0052　東京都港区赤坂7-5-56-4F　℡03-3586-0380 |
| 在外公館 | Hiroshimastr.6, 10785 Berlin, Bundesrepublik Deutschland　℡(49-30)210940 |

**日本におけるドイツ関係機関**

在日ドイツ商工会議所
　　　　　　〒102-0075　東京都千代田区三番町2-4-5F　℡03-5276-9811
東京ドイツ文化センター（ゲーテ・インスティトゥート）
　　　　　　〒107-0052　東京都港区赤坂7-5-56ドイツ文化会館内　℡03-3584-3201
関西ドイツ文化センター京都
　　　　　　〒606-8305　京都市左京区吉田河原町19-3　℡075-761-2188
関西ドイツ文化センター大阪
（文化部・総務部）〒531-6035　大阪市北区大淀中1-1-88-3502　℡06-6440-5900
（語学部・ドイツ語教室）〒552-0007　大阪市港区弁天1-2-1-1600　℡06-6576-2750
㈶日独協会　〒102-0083　東京都千代田区麹町5-1 NK真和ビル9F　℡03-3265-3411
バイエルン州駐日代表部
　　　　　　〒100-0005　東京都千代田区丸の内1-1-3 AIGビル14F　℡03-3214-1246
ノルトライン・ヴェストファーレン州日本代表事務所
　　　　　　〒102-0094　東京都千代田区紀尾井町4-1-7F　℡03-5210-2300

**関係URL**

| | |
|---|---|
| 「ドイツ年」公式サイト | http://www.doitsu-nen.jp/index_JA.html |
| 愛知万博ドイツ・パビリオン | http://www.expo2005-deutschland.de/pavillon.html |
| （2005年3月25日～9月25日） | |
| 日独友好アドレスブック | http://www.doitsu.info/html/categentry.pl?g=jp |
| 主要都市 | ベルリン、ハンブルク、ミュンヘン、ケルン、フランクフルト、エッセン、ドルトムント、シュトゥットガルト、デュッセルドルフ、ブレーメン、テュイスブルク、ハノーバー、ニュルンベルク、ドレスデン、ライプツィヒ |
| 主要メディア | ビルト紙、ディ・ヴェルト紙、フランクフルター・アルゲマイネ紙、フランクフルター．ルントシャウ紙、ハンデルスブラット紙、フォークス紙、デア・シュピゲール紙、デア・ツァイト紙 |

| | |
|---|---|
| ゆかりの人物 | バッハ、ベートーベン、ブラームス、シューマン、メンデルスゾーン、ワーグナー、シュトラウス、ライプニッツ、カント、ゲーテ、シラー、ハイネ、ショウペンハウエル、ルター、ニーチェ、マルクス、エンゲルス、リスト、グリム兄弟、ヘッセ、コッホ、レントゲン、アインシュタイン、ダイムラー、ジーメンス、ディーゼル、シューマッハ、マリーネ・デートリッヒ |
| 発祥 | 小麦ビール、モーゼル・ワイン、ハンバーグ、クリスマス・ツリー、木の玩具、テディ・ベア、オーデコロン、自動車、路面電車、システム・キッチン、工業デザイン、シュタイナー教育、幼稚園、ユース・ホステル、ビオトープ |
| 音楽祭 | ベルリン音楽祭（春〜秋にかけてコンサート、ジャズ、オペラ、演劇、ダンスなどが催される）、シュトゥットガルト・ヨーロッパ音楽祭（3〜4月）、ライピツィヒ・バッハ音楽祭（4〜5月）、ドレスデン音楽祭（5月）、アウグスブルク・モーツァルト音楽祭（5月）、デキシーランド・ジャズフェスティバル（5月）、サンスーシ音楽祭（6月）、モーツァルト音楽祭（6月）、ミュンヘン・オペラ祭（6〜7月）、ハンブルク・バッハ音楽祭（6〜8月）、ハイデルベルク古城祭（6〜8月）、バイロイト音楽祭（7〜8月）、ヘレンキムーゼ音楽祭（7月）など |
| 国の祝日 | 元旦、三王来朝、聖金曜日、復活祭、復活祭月曜日、メーデー、キリスト昇天祭、聖霊降臨祭、聖霊降臨月曜日、聖体祭、マリア昇天祭、ドイツ統一の日、宗教改革記念日、万聖節、贖罪の日、クリスマス |
| ドイツ料理 | ソーセージ（ドイツではおやつ感覚で食べる。各地に地ソーセージあり）、シュニッツェル(牛肉カツレツ風)、シュヴァイネハクセ(骨付きスネ肉グリル)、カッスラー・リップヒェン（豚肉の塩漬けのボイル）、シュヴァアイネブラーテン(豚肉のロースト)、ザウアーブラーテン（牛肉ワイン酢漬けのロースト）、レーシュテーク（鹿肉のステーキ）、マッチェスフィレ（ニシン塩漬けを酢でしめたもの）、マウルタッシェン（ラビオリ）、ゲシュネッツェルテス（細切り牛肉のクリームソース煮）、アイスバイン（骨付豚肉の煮込み）、シュパーゲル（白アスパラ）、プフィッファリンゲ（きのこの一種） |
| ドイツビール | ピルスナー、ヴァイツェン、ケストリッツァー、ベルリナーヴァイセ、ラウホビール |
| ドイツワイン | 13のワイン生産地でつくられ、ほとんどが辛口。白が主流。ラインワイン、モーゼルワイン、フランケンワイン、バーデンワインに大別。 |
| 特産品 | マイセン陶器、刃物・台所用品、時計、皮製品、筆記具、エルツ山地の木工品、フンメル人形、シュタイフのテディベア、クナイプ（入浴剤） |
| ビザ（査証） | 3か月以内の滞在は不要。出入国カードも不要。 |
| 電圧・電源 | 220V／50Hz |
| インターネットドメイン名 | de |
| 郵便 | はがき1ユーロ、封書1.55ユーロ（20gまで）<br>郵便局は8:00〜18:00（土8:00〜12:00） |
| 電話 | ドイツ〜日本　00-81-市外局番の0を除いた数字<br>日本〜ドイツ　登録電話会社の識別番号-49-市外局番の0を除いた数字 |

世界遺産ガイドードイツ編ー

# ドイツの行政区分

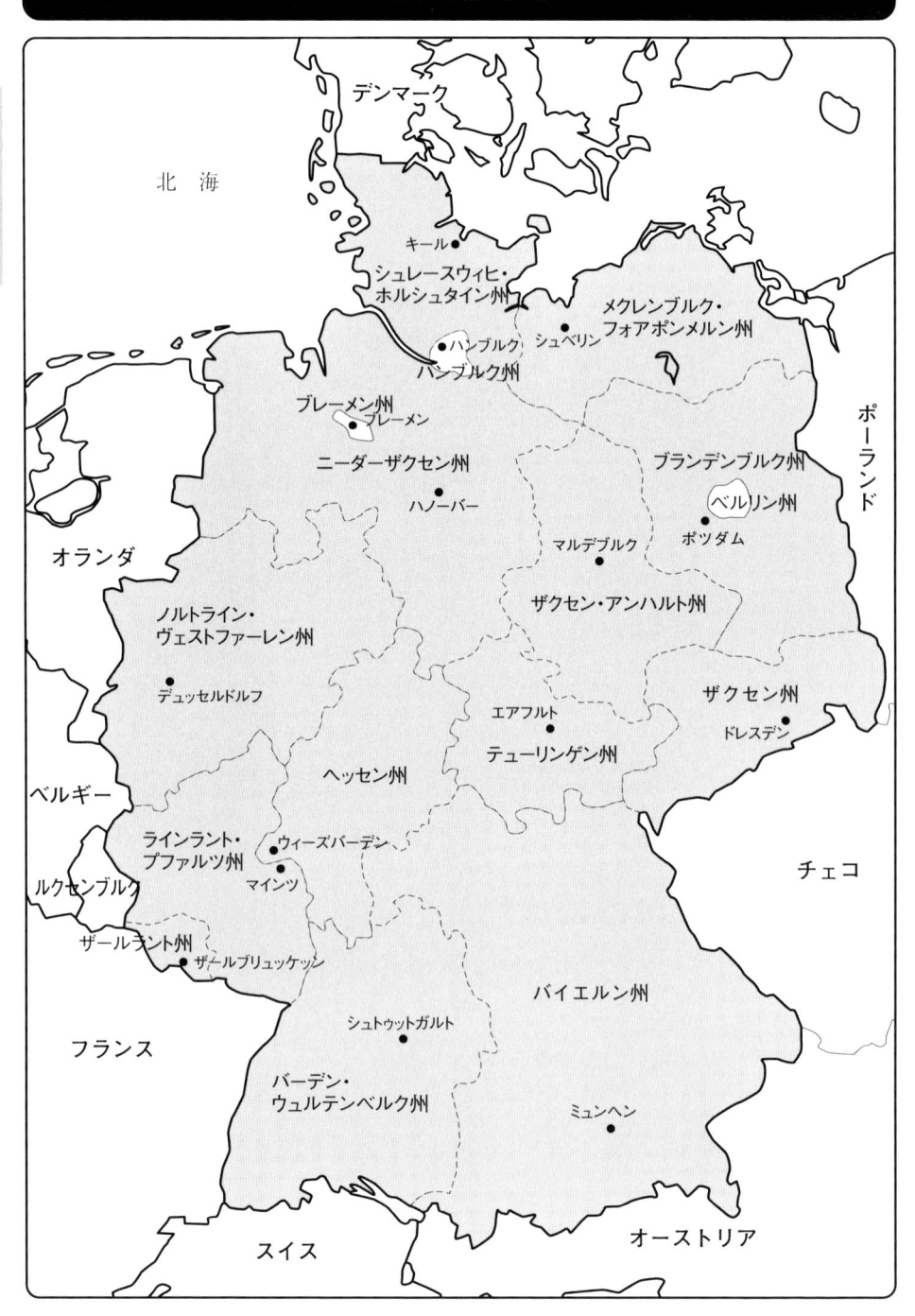

ドイツの概要

- デンマーク
- 北海
- キール
- シュレースウィヒ・ホルシュタイン州
- ハンブルク
- ハンブルク州
- シュベリン
- メクレンブルク・フォアポンメルン州
- ブレーメン州
- ブレーメン
- ニーダーザクセン州
- ハノーバー
- ブランデンブルク州
- ベルリン州
- ポツダム
- オランダ
- マルデブルク
- ザクセン・アンハルト州
- ノルトライン・ヴェストファーレン州
- デュッセルドルフ
- エアフルト
- ザクセン州
- ドレスデン
- テューリンゲン州
- ヘッセン州
- ベルギー
- ラインラント・プファルツ州
- ウィーズバーデン
- マインツ
- チェコ
- ルクセンブルク
- ザールラント州
- ザールブリュッケン
- バイエルン州
- シュトゥットガルト
- フランス
- バーデン・ヴュルテンベルク州
- ミュンヘン
- ポーランド
- スイス
- オーストリア

10　　　シンクタンクせとうち総合研究機構

## ドイツの16の州

| 州　名 | 州　都 | 州の人口 |
|---|---|---|
| バーデン・ウュルテンベルク | シュトゥットガルト | 1060万1000人 |
| バイエルン | ミュンヘン | 1233万人 |
| ベルリン | ベルリン | 338万8000人 |
| ブランデンブルク | ポツダム | 259万3000人 |
| ブレーメン | ブレーメン | 66万人 |
| ハンブルク | ハンブルク | 172万6000人 |
| ヘッセン | ヴィースバーデン | 607万8000人 |
| メクレンブルク・フォアポンメルン | シュヴェリーン | 76万人 |
| ニーダーザクセン | ハノーバー | 795万6000人 |
| ノルトライン・ヴェストファーレン | デュッセルドルフ | 1805万2000人 |
| ラインラント・プファルツ | マインツ | 404万9000人 |
| ザールラント | ザールブリュッケン | 106万6000人 |
| ザクセン | ドレスデン | 438万4000人 |
| ザクセン・アンハルト | マルデブルク | 258万1000人 |
| シュレースッヴィヒ・ホルシュタイン | キール | 280万4000人 |
| テューリンゲン | エアフルト | 241万1000人 |

# ドイツの世界遺産の概要

ヴィースの巡礼教会

世界遺産ガイド－ドイツ編－

# ドイツの世界遺産分布図

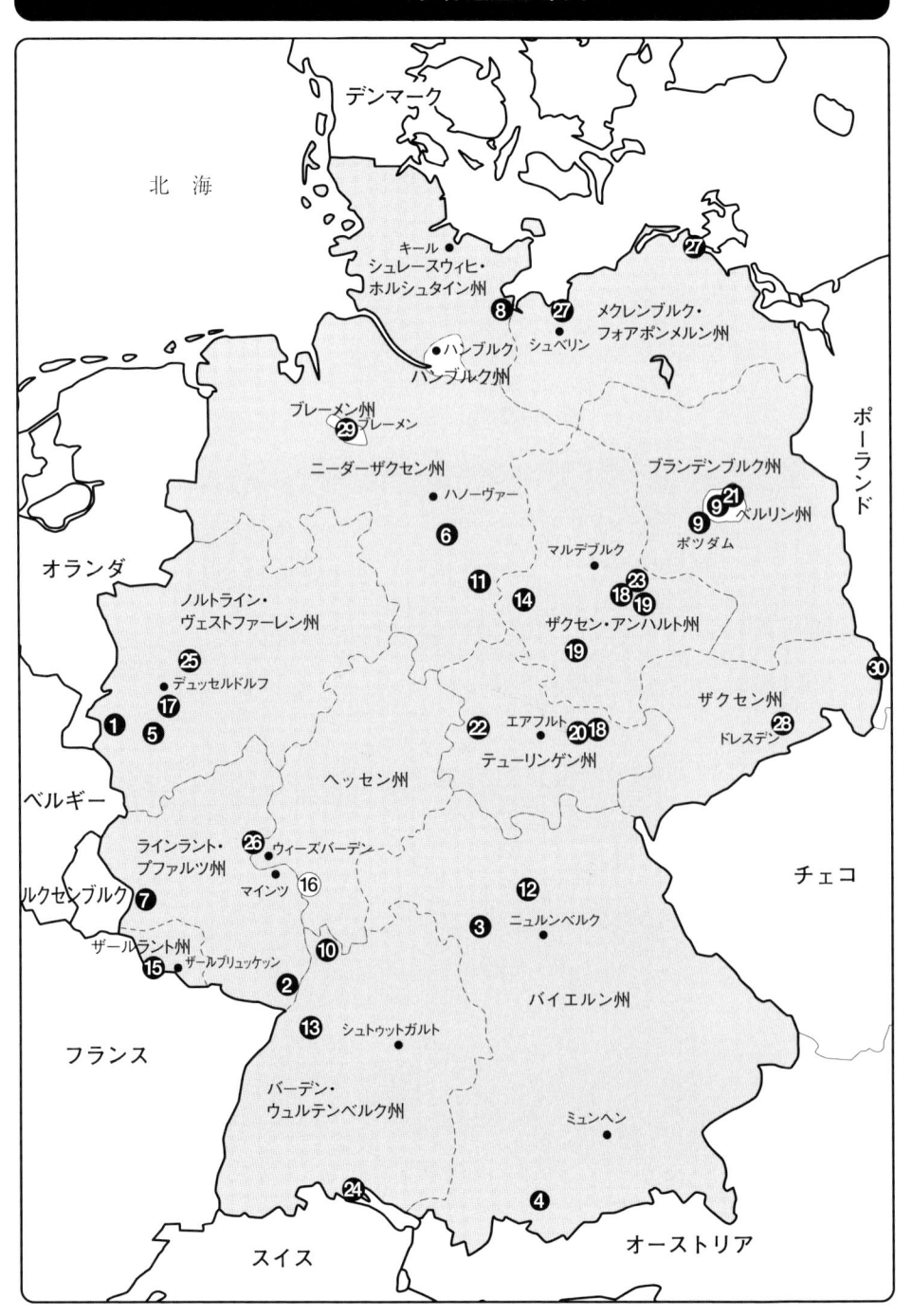

ドイツの世界遺産の概要

デンマーク
北海
キール
シュレースウィヒ・ホルシュタイン州 ❽ ㉗ メクレンブルク・フォアポンメルン州
シュベリン
ハンブルク
ハンブルク州
ブレーメン州 ㉙ ブレーメン
ニーダーザクセン州
ハノーヴァー
❻ マルデブルク ブランデンブルク州
❾ ㉑ ベルリン州
ポツダム
オランダ
ノルトライン・ヴェストファーレン州
㉕
❿ デュッセルドルフ
⓫ ⓮ ㉓
⓲ ⓳
ザクセン・アンハルト州
⓳
㉚
エアフルト
㉒ ⓴ ⓲ ザクセン州
テューリンゲン州 ドレスデン ㉘
ヘッセン州
ベルギー
ラインラント・プファルツ州
㉖ ウィーズバーデン
マインツ ⓰
ルクセンブルク ❼
ザールラント州
⓯ ザールブリュッケン
❷ ❿
⓬
❸ ニュルンベルク
チェコ
⓭ シュトゥットガルト
バイエルン州
バーデン・ウュルテンベルク州
ミュンヘン
フランス
㉔
❹
スイス
オーストリア

14 シンクタンクせとうち総合研究機構

## ドイツの世界遺産物件名

① アーヘン大聖堂 (Aachen Cathedral)
② シュパイアー大聖堂 (Speyer Cathedral)
③ ヴュルツブルクの司教館、庭園と広場
　(Wurzburg Residence with the Court Gardens and Residence Square)
④ ヴィースの巡礼教会 (Pilgrimage Church of Wies)
⑤ ブリュールのアウグストスブルク城とファルケンルスト城
　(Catles of Augustusburg and Falkenlust at Bruhl)
⑥ ヒルデスハイムの聖マリア大聖堂と聖ミヒャエル教会
　(St. Mary's Cathedral and St. Michael's Church at Hildesheim)
⑦ トリーアのローマ遺跡、聖ペテロ大聖堂、聖マリア教会
　(Roman Monuments, Cathedral of St. Peter and Church of Our Lady in Trier)
⑧ ハンザ同盟の都市リューベック (Hanseatic City of Lubeck)
⑨ ポツダムとベルリンの公園と宮殿 (Palaces and Parks of Potsdam and Berlin)
⑩ ロルシュの修道院とアルテンミュンスター (Abbey and Altenmunster of Lorsch)
⑪ ランメルスベルグ旧鉱山と古都ゴスラー (Mines of Rammelsberg and Historic Town of Goslar)
⑫ バンベルクの町 (Town of Bamberg)
⑬ マウルブロンの修道院群 (Maulbronn Monastery Complex)
⑭ クヴェートリンブルクの教会と城郭と旧市街
　(Collegiate Church, Castle, and Old Town of Quedlinburg)
⑮ フェルクリンゲン製鉄所 (Volklingen Ironworks)
⑯ メッセル・ピット化石発掘地 (Messel Pit Fossil Site)
⑰ ケルン大聖堂 (Cologne Cathedral)
⑱ ワイマールおよびデッサウにあるバウハウスおよび関連遺産群
　(Bauhaus and its Sites in Weimar and Dessau)
⑲ アイスレーベンおよびヴィッテンベルクにあるルター記念碑
　(Luther Memorials in Eisleben and Wittenberg)
⑳ クラシカル・ワイマール (Classical Weimar)
㉑ ベルリンのムゼウムスインゼル（美術館島）(Museumsinsel（Museum Island）, Berlin)
㉒ ヴァルトブルク城 (Wartburg Castle)
㉓ デッサウ-ヴェルリッツ庭園王国 (Garden Kingdom of Dessau-Worlitz)
㉔ ライヒェナウ修道院島 (Monastic Island of Reichenau)
㉕ エッセンの関税同盟炭坑の産業遺産 (The Zollverein Coal Mine Industrial Complex in Essen)
㉖ ライン川上中流域の渓谷 (Upper Middle Rhine Valley)
㉗ シュトラールズントとヴィスマルの歴史地区 (Historic Centres of Stralsund and Wismar)
㉘ ドレスデンのエルベ渓谷 (Historic Centres of Stralsund and Wismar)
㉙ ブレーメンのマルクト広場にある市庁舎とローランド像
　(The Town Hall and Roland on the Marketplace of Bremen)
㉚ ムスカウ公園／ムザコフスキー公園 (Muskauer Park/Park Muzakowski)

# ドイツの世界遺産 登録物件の登録基準一覧

| 物件名 \ 登録基準 | 文化遺産 (i) | (ii) | (iii) | (iv) | (v) | (vi) | 自然遺産 (i) | (ii) | (iii) | (iv) |
|---|---|---|---|---|---|---|---|---|---|---|
| ●アーヘン大聖堂 | ● | ● | | ● | | ● | | | | |
| ●シュパイアー大聖堂 | | ● | | | | | | | | |
| ●ヴュルツブルクの司教館、庭園と広場 | ● | | | ● | | | | | | |
| ●ヴィースの巡礼教会 | ● | | ● | | | | | | | |
| ●ブリュールのアウグストスブルク城とファルケンルスト城 | | ● | | ● | | | | | | |
| ●ヒルデスハイムの聖マリア大聖堂と聖ミヒャエル教会 | ● | ● | ● | | | | | | | |
| ●トリーアのローマ遺跡、聖ペテロ大聖堂、聖マリア教会 | ● | | ● | ● | | | | | | |
| ●ハンザ同盟の都市リューベック | | | | ● | | | | | | |
| ●ポツダムとベルリンの公園と宮殿 | ● | ● | | ● | | | | | | |
| ●ロルシュの修道院とアルテンミュンスター | | | ● | ● | | | | | | |
| ●ランメルスベルク旧鉱山と古都ゴスラー | | | | ● | | | | | | |
| ●バンベルクの町 | | ● | | ● | | | | | | |
| ●マウルブロンの修道院群 | | ● | | ● | | | | | | |
| ●クヴェートリンブルクの教会と城郭と旧市街 | | ● | | ● | | | | | | |
| ●フェルクリンゲン製鉄所 | | ● | | ● | | | | | | |
| ●ケルン大聖堂 | ● | | | ● | | | | | | |
| ●ワイマールおよびデッサウにあるバウハウスおよび関連遺産群 | | ● | | ● | | ● | | | | |
| ●アイスレーベンおよびヴィッテンベルクにあるルター記念碑 | | | | ● | | ● | | | | |
| ●クラシカル・ワイマール | | | | ● | | ● | | | | |
| ●ベルリンのムゼウムスインゼル(美術館島) | | ● | | ● | | | | | | |
| ●ヴァルトブルク城 | | | ● | | | ● | | | | |
| ●デッサウ-ヴェルリッツの庭園王国 | | ● | | ● | | | | | | |
| ●ライヒェナウ修道院島 | | | ● | ● | | ● | | | | |
| ●エッセンの関税同盟炭坑の産業遺産 | | ● | | ● | | | | | | |
| ●ライン川上中流域の渓谷 | | ● | | ● | ● | | | | | |
| ●シュトラールズントとヴィスマルの歴史地区 | | ● | | ● | | | | | | |
| ●ドレスデンのエルベ渓谷 | | ● | ● | ● | | | | | | |
| ●ブレーメンのマルクト広場にある市庁舎とローランド像 | | | ● | ● | | ● | | | | |
| ●ムスカウ公園/ムザコフスキー公園 | ● | | | ● | | | | | | |
| ○メッセル・ピット化石発掘地 | | | | | | | | | ○ | |

●文化遺産 ○自然遺産

2005年6月現在

# ドイツの世界遺産　所在地の行政区分

| 物件名 \ 所在地 | バーデン・ヴュルテンベルク州 | バイエルン州 | ベルリン州 | ブランデンブルク州 | ブレーメン州 | ハンブルク州 | ヘッセン州 | メクレンブルク・フォアポンメルン州 | ニーダーザクセン州 | ノルトライン・ヴェストファーレン州 | ラインラント・プファルツ州 | ザールラント州 | ザクセン州 | ザクセン・アンハルト州 | シュレースヴィヒ・ホルシュタイン州 | テューリンゲン州 |
|---|---|---|---|---|---|---|---|---|---|---|---|---|---|---|---|---|
| ● アーヘン大聖堂 | | | | | | | | | | □ | | | | | | |
| ● シュパイアー大聖堂 | | | | | | | | | | | □ | | | | | |
| ● ヴュルツブルクの司教館、庭園と広場 | | □ | | | | | | | | | | | | | | |
| ● ヴィースの巡礼教会 | | □ | | | | | | | | | | | | | | |
| ● ブリュールのアウグストスブルク城とファルケンルスト城 | | | | | | | | | | □ | | | | | | |
| ● ヒルデスハイムの聖マリア大聖堂と聖ミヒャエル教会 | | | | | | | | | □ | | | | | | | |
| ● トリーアのローマ遺跡、聖ペテロ大聖堂、聖マリア教会 | | | | | | | | | | | □ | | | | | |
| ● ハンザ同盟の都市リューベック | | | | | | | | | | | | | | | □ | |
| ● ポツダムとベルリンの公園と宮殿 | | | □ | □ | | | | | | | | | | | | |
| ● ロルシュの修道院とアルテンミュンスター | | | | | | | □ | | | | | | | | | |
| ● ランメルスベルク旧鉱山と古都ゴスラー | | | | | | | | | □ | | | | | | | |
| ● バンベルクの町 | | | | | | □ | | | | | | | | | | |
| ● マウルブロンの修道院群 | □ | | | | | | | | | | | | | | | |
| ● クヴェートリンブルクの教会と城郭と旧市街 | | | | | | | | | | | | | | □ | | |
| ● フェルクリンゲン製鉄所 | | | | | | | | | | | | □ | | | | |
| ● ケルン大聖堂 | | | | | | | | | | □ | | | | | | |
| ● ワイマールおよびデッサウにあるバウハウスおよび関連遺産群 | | | | | | | | | | | | | | □ | | □ |
| ● アイスレーベンおよびヴィッテンベルクにあるルター記念碑 | | | | | | | | | | | | | | □ | | |
| ● クラシカル・ワイマール | | | | | | | | | | | | | | | | □ |
| ● ベルリンのムゼウムスインゼル (美術館島) | | | □ | | | | | | | | | | | | | |
| ● ヴァルトブルク城 | | | | | | | | | | | | | | | | □ |
| ● デッサウ-ヴェルリッツの庭園王国 | | | | | | | | | | | | | | □ | | |
| ● ライヒェナウ修道院島 | | | | | | | | | | | | | | □ | | |
| ● エッセンの関税同盟炭坑の産業遺産 | | | | | | | | | | □ | | | | | | |
| ● ライン川上中流域の渓谷 | | | | | | | | | | | □ | | | | | |
| ● シュトラールズントとヴィスマルの歴史地区 | | | | | | | | □ | | | | | | | | |
| ● ドレスデンのエルベ渓谷 | | | | | | | | | | | | | □ | | | |
| ● ブレーメンのマルクト広場にある市庁舎とローラント像 | | | | | □ | | | | | | | | | | | |
| ● ムスカウ公園/ムザコフスキー公園 | | | | | | | | | | | | | | □ | | |
| ○ メッセル・ピット化石発掘地 | | | | | | | □ | | | | | | | | | |

○ 自然遺産　● 文化遺産

世界遺産ガイド－ドイツ編－

# ドイツの世界遺産　遺産種別と登録物件数の推移

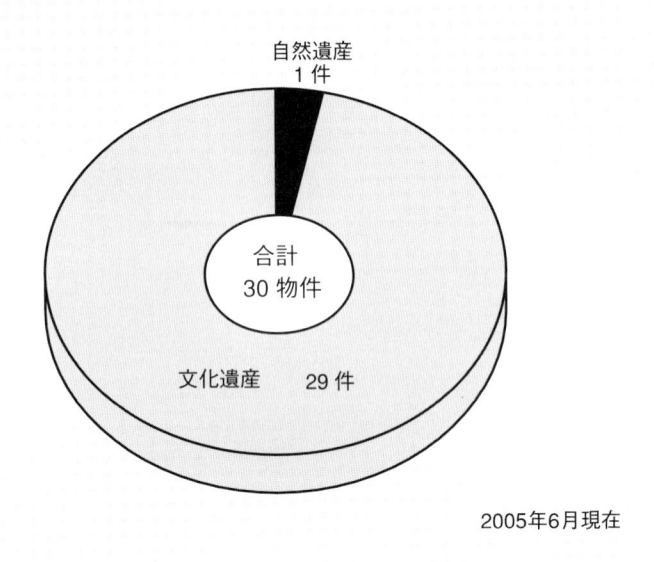

自然遺産
1件

合計
30 物件

文化遺産　29件

2005年6月現在

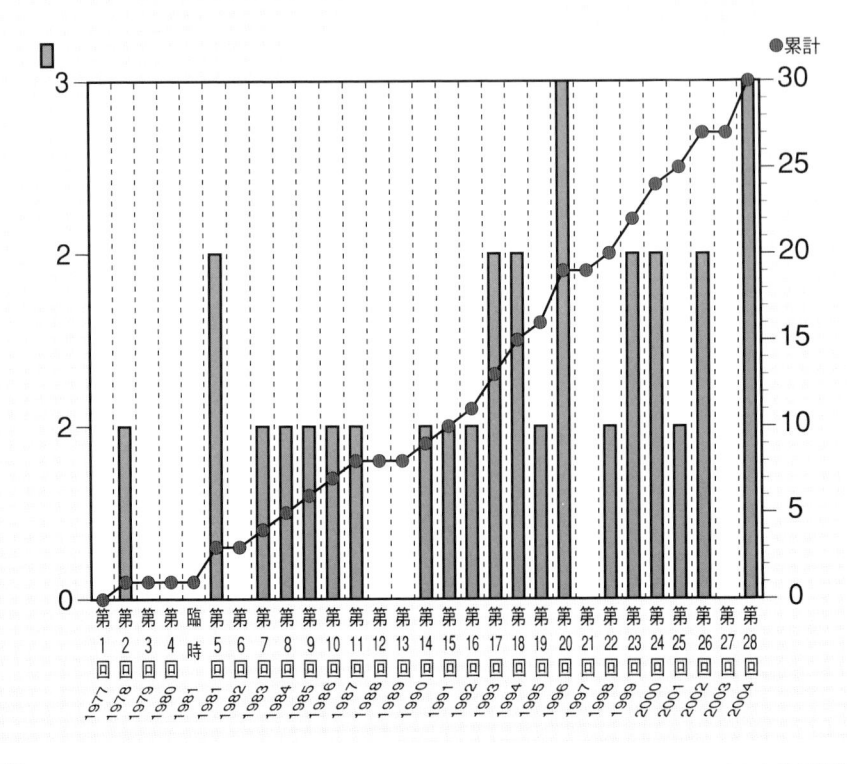

ドイツの世界遺産の概要

●累計

(第1回 1977 ～ 第28回 2004 の推移グラフ)

18　　　　　　　　　　　　　　　　　　　　　シンクタンクせとうち総合研究機構

## ドイツの世界遺産　登録物件数の世界的なポジション

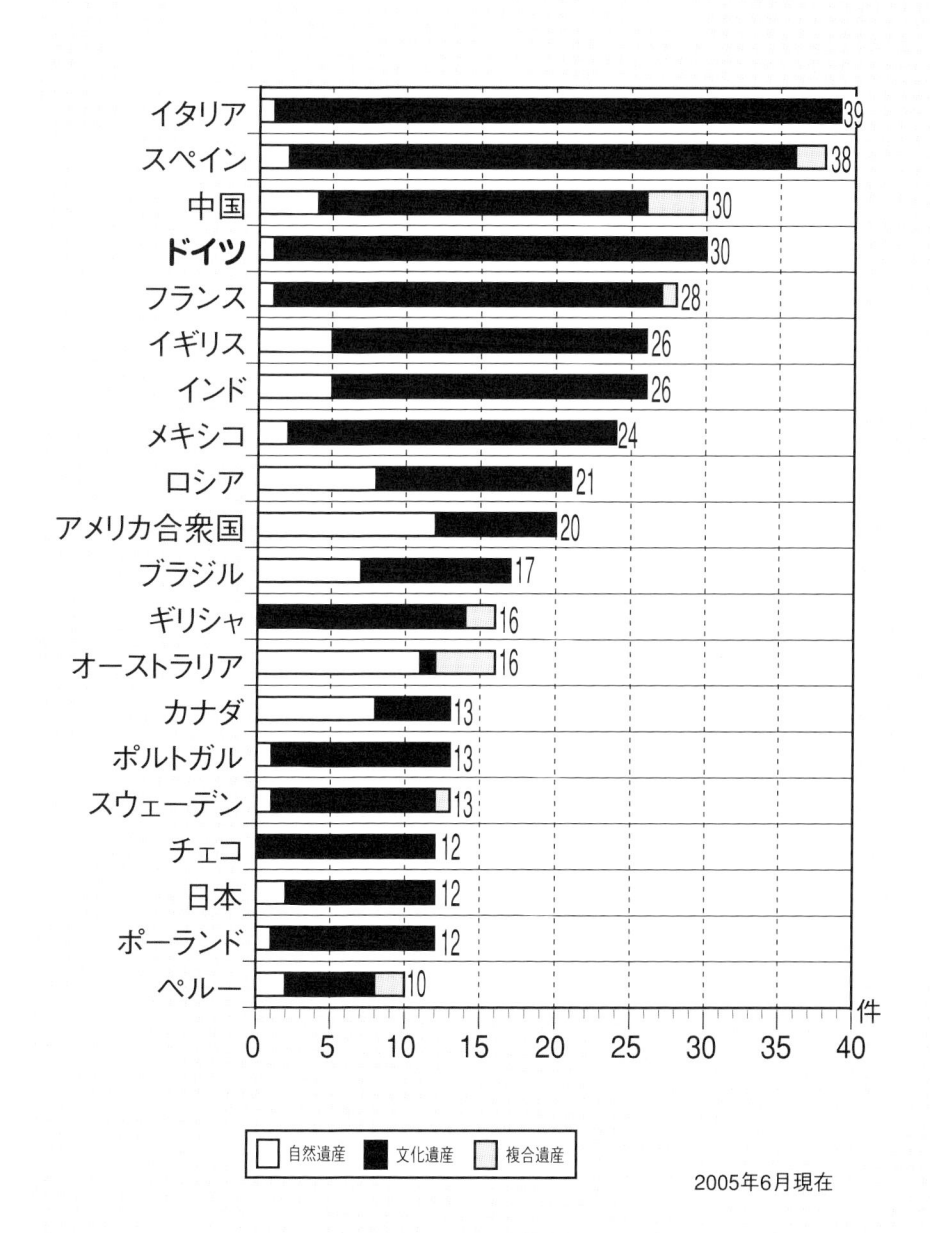

| 国 | 件数 |
|---|---|
| イタリア | 39 |
| スペイン | 38 |
| 中国 | 30 |
| **ドイツ** | 30 |
| フランス | 28 |
| イギリス | 26 |
| インド | 26 |
| メキシコ | 24 |
| ロシア | 21 |
| アメリカ合衆国 | 20 |
| ブラジル | 17 |
| ギリシャ | 16 |
| オーストラリア | 16 |
| カナダ | 13 |
| ポルトガル | 13 |
| スウェーデン | 13 |
| チェコ | 12 |
| 日本 | 12 |
| ポーランド | 12 |
| ペルー | 10 |

凡例：□自然遺産　■文化遺産　▨複合遺産

2005年6月現在

ドイツの世界遺産の概要

## ドイツの世界遺産登録の歩み

| 1951年 | ユネスコに加盟。 |
|---|---|
| 1973年 | 国際連合に加盟。 |
| 1976年8月 | 世界遺産条約を批准。世界で25番目。 |
| 1978年9月 | 第2回世界遺産委員会ワシントン会議で、アーヘン大聖堂が登録される。世界遺産として初めて登録された12物件（自然遺産4、文化遺産8）のうちのひとつ。 |
| 1981年9月 | シュパイアー大聖堂、ヴュルツブルクの司教館、庭園と広場の2物件が新たに世界遺産として登録される。 |
| 1983年12月 | ヴィースの巡礼教会が新たに世界遺産として登録される。 |
| 1984年11月 | ブリュールのアウグストスブルク城とファルケンルスト城が新たに世界遺産として登録される。 |
| 1985年12月 | ヒルデスハイムの聖マリア大聖堂と聖ミヒャエル教会が新たに世界遺産として登録される。 |
| 1986年12月 | トリーアのローマ遺跡、聖ペテロ大聖堂、聖マリア教会が新たに世界遺産として登録される。 |
| 1987年12月 | ハンザ同盟の都市リューベックが新たに世界遺産として登録される。 |
| 1990年12月 | ポツダムとベルリンの公園と宮殿が新たに世界遺産として登録される。 |
| 1991年12月 | ロルシュの修道院とアルテンミュンスターが新たに世界遺産として登録される。世界遺産の数は10物件に。 |
| 1992年12月 | ランメルスベルク旧鉱山と古都ゴスラーが新たに世界遺産として登録される。ポツダムとベルリンの公園と宮殿の登録範囲が拡大される。 |
| 1993年12月 | バンベルクの町、マウルブロンの修道院群の2物件が新たに世界遺産として登録される。 |
| 1994年12月 | クヴェートリンブルクの教会と城郭と旧市街、フェルクリンゲン製鉄所の2物件が新たに世界遺産として登録される。 |
| 1995年12月 | ベルリンにて第19回世界遺産委員回を開催。メッセル・ピット化石発掘地が新たに世界遺産として登録される。ドイツでは、初めての自然遺産となる。 |
| 1996年12月 | ケルン大聖堂、ワイマールおよびデッサウにあるバウハウスおよび関連遺産群、アイスレーベンおよびヴィッテンベルクにあるルター記念碑の3物件が新たに世界遺産として登録される。 |
| 1998年12月 | クラシカル・ワイマールが新たに世界遺産として登録される。世界遺産の数は20物件に。 |
| 1999年12月 | ベルリンのムゼウムスインゼル（美術館島）、ヴァルトブルク城の2物件が新たに世界遺産として登録される。ポツダムとベルリンの公園と宮殿の登録範囲が拡大される。 |
| 2000年12月 | デッサウ-ヴェルリッツの庭園王国、ライヒェナウ修道院島の2物件が新たに世界遺産として登録される。 |
| 2001年12月 | エッセンの関税同盟炭坑の産業遺産が新たに世界遺産として登録される。 |
| 2002年6月 | ライン川上中流域の渓谷、シュトラールズントとヴィスマルの歴史地区の2物件が新たに世界遺産として登録される。 |
| 2004年7月 | ドレスデンのエルベ渓谷、ブレーメンのマルクト広場にある市庁舎とローランド像、ムスカウ公園／ムザコフスキー公園の3物件が新たに世界遺産として登録される。世界遺産の数は30物件に。ケルン大聖堂が危機遺産に登録される。 |

# ドイツの世界遺産関係機関

**Sekretariat der Standigen Konferenz der Kultusminister der Lander in der Bundesrepublik Deutschland**
Abteilung III B, Kunst und Kultur, Lennestr. 6, 53113 Bonn, GERMANY
FAX 49-228-501-777　http://www.kmk.org

**Bundesamt fur Naturschutz**
Konstantinstrase 110, 53179 Bonn, GERMANY
TEL 49-228-84910　FAX 49-228-8491200　http://www.bfn.de/

**German Commission for UNESCO (Deutsche UNESCO - Kommission e.v.)**
15, Colmantstrasse D - 53115 BONN　TEL 49-228-60-49-720　FAX 49-228-60-49-730　E-mail: schofthaler@unesco.de
http://www.unesco.de

**ICOMOS Germany**
Bayerisches Landesamt fur Denkmalpflege Postfach 10 02 03 80076 MUNCHEN
TEL 49-89-21-14-260　FAX 49-89-21-14-6260　E-mail : michael.petzet@blfd.bayern.de

**IUCN Environmental Law Centre**
Godesbergerallee 108-112 Bonn 53175 Germany
TEL 49-228-2692-231　FAX 49-228-2692-250　E-mail: Secretariat@elc.iucn.org
http://www.iucn.org/themes/law/

| | | |
|---|---|---|
| ドイツ連邦共和国大使館 | 〒106-0047　東京都港区南麻布4-5-10 | TEL 03-5791-7700 |
| ドイツ総領事館 | 〒531-6035　大阪市北区大淀中1-1-88-3501 | TEL 06-6440-5070 |
| 在ドイツ日本大使館 | Hiroshimastr.6.10785 Berlin | TEL 49-30-210940 |
| ドイツ観光局 | 〒107-0052　東京都港区赤坂7-5-56-4F | TEL 03-3586-0705 |

- アーヘン大聖堂　http://whc.unesco.org/sites/3.htm
- シュパイアー大聖堂　http://whc.unesco.org/sites/168.htm
- ヴュルツブルクの司教館，庭園と広場　http://whc.unesco.org/sites/169.htm
- ヴィースの巡礼教会　http://whc.unesco.org/sites/271.htm
- ブリュールのアウグストスブルク城とファルケンルスト城　http://whc.unesco.org/sites/288.htm
- ヒルデスハイムの聖マリア大聖堂と聖ミヒャエル教会　http://whc.unesco.org/sites/187.htm
- トリーアのローマ遺跡，聖ペテロ大聖堂，聖マリア教会　http://whc.unesco.org/sites/367.htm
- ハンザ同盟の都市リューベック　http://whc.unesco.org/sites/272.htm
- ポツダムとベルリンの公園と宮殿　http://whc.unesco.org/sites/532.htm
- ロルシュの修道院とアルテンミュンスター　http://whc.unesco.org/sites/515.htm
- ランメルスベルク旧鉱山と古都ゴスラー　http://whc.unesco.org/sites/623.htm
- バンベルクの町　http://whc.unesco.org/sites/624.htm
- マウルブロンの修道院群　http://whc.unesco.org/sites/546.htm
- クヴェートリンブルクの教会と城郭と旧市街　http://whc.unesco.org/sites/535.htm
- フェルクリンゲン製鉄所　http://whc.unesco.org/sites/687.htm
- ○ メッセル・ピット化石発掘地　http://whc.unesco.org/sites/720.htm
- ケルン大聖堂　http://whc.unesco.org/sites/292.htm
- ワイマールおよびデッサウにあるバウハウスおよび関連遺産群　http://whc.unesco.org/sites/729.htm
- アイスレーベンおよびヴィッテンベルクにあるルター記念碑　http://whc.unesco.org/sites/783.htm
- クラシカル・ワイマール　http://whc.unesco.org/sites/846.htm
- ベルリンのムゼウムスインゼル（美術館島）　http://whc.unesco.org/sites/896.htm
- ヴァルトブルク城　http://whc.unesco.org/sites/897.htm
- デッサウ-ヴェルリッツの庭園王国　http://whc.unesco.org/sites/534rev.htm
- ライヒェナウ修道院島　http://whc.unesco.org/sites/974.htm
- エッセンの関税同盟炭坑の産業遺産　http://whc.unesco.org/sites/975.htm
- ライン川上中流域の渓谷　http://whc.unesco.org/sites/1066.htm
- シュトラールズントとヴィスマールの歴史地区　http://whc.unesco.org/sites/1067.htm
- ドレスデンのエルベ渓谷　http://whc.unesco.org/sites/1156.htm
- ブレーメンのマルクト広場にある市庁舎とローランド像　http://whc.unesco.org/sites/1087.htm
- ムスカウ公園 / ムザコフスキー公園　http://whc.unesco.org/sites/1127.htm

# ドイツの世界遺産の各物件の概要

ケルン大聖堂

世界遺産ガイド－ドイツ編－

# アーヘン大聖堂

| 登録物件名 | Aachen Cathedral |
|---|---|
| 遺産種別 | 文化遺産 |
| 登録基準 | （ⅰ）人類の創造的天才の傑作を表現するもの。 |
| | （ⅱ）ある期間を通じて、または、ある文化圏において、建築、技術、記念碑的芸術、町並み計画、景観デザインの発展に関し、人類の価値の重要な交流を示すもの。 |
| | （ⅳ）人類の歴史上重要な時代を証する、ある形式の建造物、建築物群、技術の集積、または、景観の顕著な例。 |
| | （ⅵ）顕著な普遍的な意義を有する出来事、現存する伝統、思想、信仰、または、芸術的、文学的作品と、直接に、または、明白に関連するもの。 |
| 登録年月 | 1978年9月（第2回世界遺産委員会ワシントン会議） |
| 登録物件の概要 | アーヘンは、ベルギー国境に近いノルトライン・ヴェストファーレン州にある。紀元前3世紀ローマ人が温泉場を開いて以来の温泉保養地である。アーヘン大聖堂は、カール（シャルルマーニュ）大帝がここをフランク王国カロリンガ朝の都とし、800年頃に完成したドイツ最古のロマネスクとゴシックが見事に融合した聖堂の一つ。この様式の建物としては、アルプス以北で最初に造営されたもの。カール大帝の死後、遺骨はこの礼拝堂に納められ、たくさんの巡礼者が訪れるようになった。「カール大帝の玉座」がつくられた936年～1531年の600年間には、30人の歴代ドイツ皇帝が戴冠式を行った。大帝の廟もここにある。 |
| 分類 | モニュメント、宗教建築物 |
| 年代区分 | 9世紀～ |
| 物件所在地 | ノルトライン・ヴェストファーレン州アーヘン |
| 活用 | 観光、博物館 |
| 見所 | ●大聖堂　見学時間7：00～19：00　（ミサ中は見学不可） |
| | ●宝物館（カール大帝の金の胸像などゆかりの品々を展示） |
| | 　　　　　見学時間10：00～13：00（月）　10：00～18：00（火水金土日） |
| | 　　　　　　　　　　10：00～21：00（木） |
| | アーヘン市内 |
| | ●市庁舎 |
| | ●クーヴェン博物館 |
| | ●ズエルモント・ルートヴィヒ美術館 |
| ゆかりの人物 | ●カール（シャルルマーニュ）大帝（742～814年） |
| | ●アルクィン（735～804）神学者。カール大帝に招かれアーヘンに学校設立。 |
| 参考URL | http://www.unesco.org/whc/sites/3.htm |
| 備考 | ●武勲詩「ローランの歌」は、カール大帝の甥の戦死を悼んだものとして有名。 |

ドイツの世界遺産

世界遺産ガイド－ドイツ編－

八角形の丸屋根をもつアーヘン大聖堂

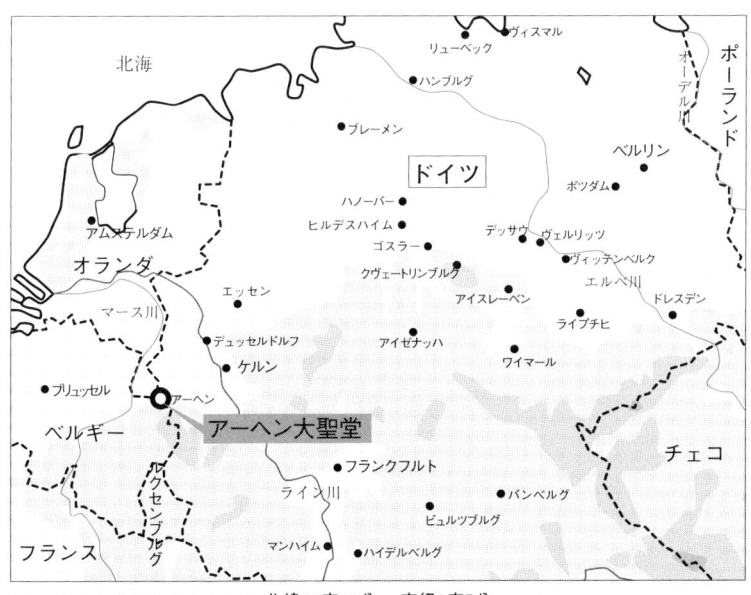

北緯50度46分　東経6度5分

交通アクセス　●ケルンから列車で約50分。

ドイツの世界遺産

シンクタンクせとうち総合研究機構

## シュパイアー大聖堂

| | |
|---|---|
| 登録物件名 | Speyer Cathedral |
| 遺産種別 | 文化遺産 |
| 登録基準 | (ⅱ) ある期間を通じて、または、ある文化圏において、建築、技術、記念碑的芸術、町並み計画、景観デザインの発展に関し、人類の価値の重要な交流を示すもの。 |
| 登録年月 | 1981年10月（第5回世界遺産委員会シドニー会議） |
| 登録物件の概要 | シュパイアー大聖堂は、ライン川の中流マンハイムから20km上流にあるシュパイアー市のシンボル。神聖ローマ帝国コンラート2世とハインリヒ4世時代（1030～1061年）に創建され、当時はヨーロッパ最大の教会であった。4本の塔を持ち、内部が十字架形をしたドイツ屈指のロマネスク建築。大聖堂は1755年に一時取り壊され、その後現在のような中世の様式に再建された。地下聖堂は、コンラート2世はじめザリエル朝（1024～1125年）の4皇帝の眠る墓所となっており、「カイザードーム」と呼ばれている。 |
| 分類 | モニュメント、宗教建築物 |
| 年代区分 | 11世紀～ |
| 物件所在地 | ラインラント・プファルツ州シュパイアー |
| 活用 | 観光 |
| 見所 | ●地下聖堂（カイザードーム） |
| ゆかりの人物 | ●コンラート2世<br>●ハインリヒ4世 |
| 参考URL | http://www.unesco.org/whc/sites/168.htm |

世界遺産ガイド－ドイツ編－

4本の塔を持つシュパイアー大聖堂

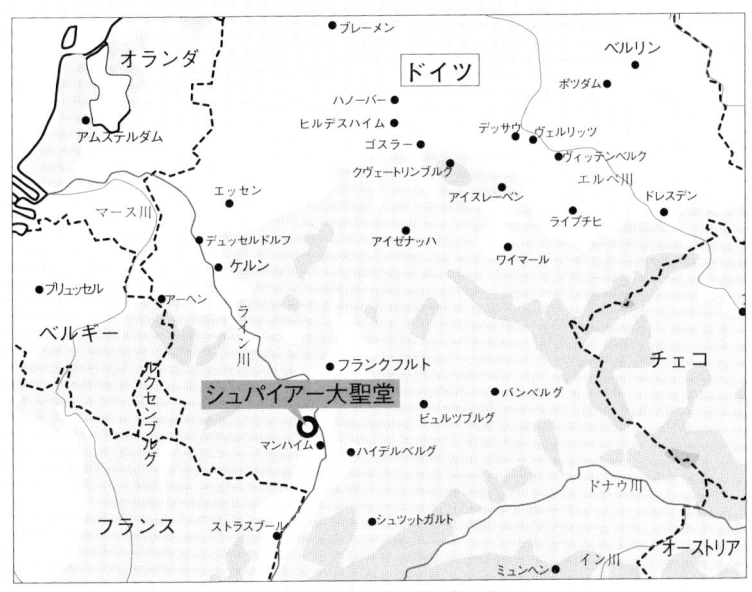

北緯49度19分　東経8度26分

交通アクセス　●フランクフルトから列車で約70分。(マンハイム乗り換え)
　　　　　　　●ハイデルベルクから列車で約1時間。

ドイツの世界遺産

シンクタンクせとうち総合研究機構

## ヴュルツブルクの司教館、庭園と広場

| | |
|---|---|
| 登録物件名 | Wurzburg Residence with the Court Gardens and Residence Square |
| 遺産種別 | 文化遺産 |
| 登録基準 | (ⅰ) 人類の創造的天才の傑作を表現するもの。<br>(ⅳ) 人類の歴史上重要な時代を例証する、ある形式の建造物、建築物群、技術の集積、または、景観の顕著な例。 |
| 登録年月 | 1981年10月（第5回世界遺産委員会シドニー会議） |
| 登録物件の概要 | ヴュルツブルクは、ドイツ中央部にある中世の宗教都市、レジデンツ（司教館）は領主司教の館で、当時絶大な力を誇示していたヨハン・フィリップ・フランツ司教が、18世紀にバルタザール・ノイマンの設計で建設させたバロック様式の宮殿。1階・2階をつなぐ「階段の間」、支柱を持たない丸天井など、高い技術を駆使して建設された。世界最大のフレスコ画は1945年の戦火を免れた。 |
| 分類 | 建造物群、文化的景観、宮殿、庭園 |
| 年代区分 | 18世紀 |
| 物件所在地 | バイエルン州ヴュルツブルク |
| 活用 | 観光 |
| 見所 | ●レジデンツ（司教館）<br>　　階段の間（世界最大のフレスコ画）<br>　　白の間（白の漆喰飾りが美しい）<br>　　鏡の間（金の装飾、フレスコ画など豪華絢爛）<br>●ホーフ庭園 |
| ゆかりの人物 | ●バルタザール・ノイマン（バロック建築の巨匠）<br>●シーボルト（長崎で活躍した医師。ヴュルツブルク生まれ）<br>●レントゲン（物理学者。ヴュルツブルク大学で研究） |
| 参考URL | http://www.unesco.org/whc/sites/169.htm |
| 備考 | ●ヴュルツブルクは、滋賀県大津市と姉妹友好都市の関係にある。<br>●ヴュルツブルクは、ロマンチック街道の北の起点の町としても有名。<br>●毎年6月に1か月にわたって開催される「モーツァルト音楽祭」は、レジデンツが会場となる。 |

世界遺産ガイドードイツ編ー

庭園側から見たヴュルツブルクの司教館

北緯49度47分　東経9度56分

交通アクセス
- フランクフルトから特急列車で約1時間10分。
- ミュンヘンから超特急列車で約2時間30分。

ドイツの世界遺産

シンクタンクせとうち総合研究機構

## ヴィースの巡礼教会

| | |
|---|---|
| 登録物件名 | Pilgrimage Church of Wies |
| 遺産種別 | 文化遺産 |
| 登録基準 | （ⅰ）人類の創造的天才の傑作を表現するもの。<br>（ⅲ）現存する、または、消滅した文化的伝統、または、文明の、唯一の、または、少なくとも稀な証拠となるもの。 |
| 登録年月 | 1983年12月（第7回世界遺産委員会フィレンツェ会議） |
| 登録遺産の概要 | ヴィースの巡礼教会は、バイエルン州ミュンヘンの南西70km、アルプスの渓谷部にあるロマンチック街道沿いの町シュタインガーデンの中心部からはずれたヴィースにある。ヴィースとは、ドイツ語で、草原の意味で、まさしく草原の教会といったたたずまいである。ヴィースの巡礼教会は、ドミニクス・ツィンマーマン（1685〜1766年）によって設計され、1746〜54年に建てられたドイツ・ロココ様式による教会建築の最高傑作である。ヴィースの巡礼教会は、質素で素朴なその外観に対して、悩み、償い、救いをテーマとするその内装は、金を多用した華麗な美しい装飾と豊かな色彩に溢れている。なかでも、祭壇は壮麗で「天国からの宝物」と呼ばれており、奥の中央祭壇にある「鞭打たれるキリスト像」は際立っている。 |
| 分類 | 建造物群、宗教建築物 |
| 年代区分 | 18世紀〜 |
| 物件所在地 | バイエルン州シュタインガーデン<br>Pfarrat Wieskirche<br>Wies 12、D-86989 Steingarden, Germany |
| 活用 | 巡礼、観光 |
| 見所 | ● ドイツ・ロココ様式による建築様式<br>● 華麗な美しい装飾と豊かな色彩<br>● 祭壇<br>● 鞭打たれるキリスト像 |
| 備考 | ヴィース教会では、定期的にミサが行われている。 |
| 参考URL | http://www.unesco.org/whc/sites/271.htm |

世界遺産ガイド−ドイツ編−

ヴィースの巡礼教会

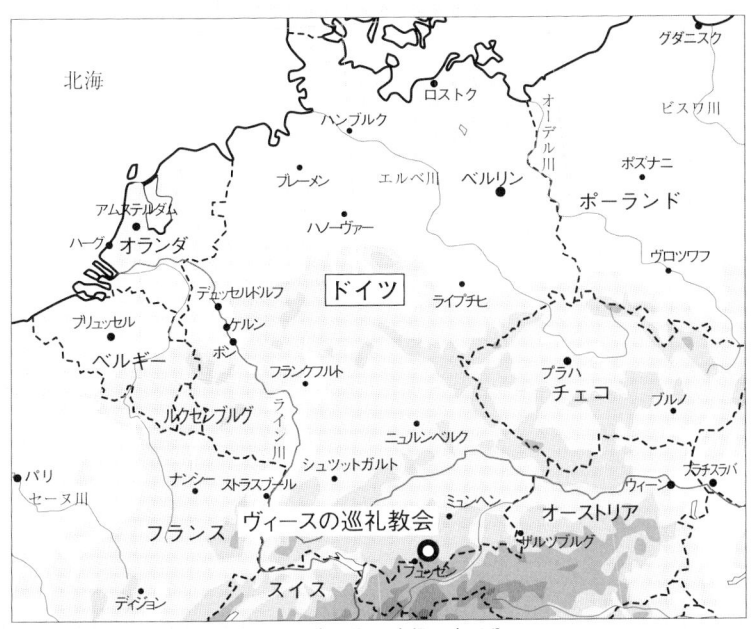

北緯47度40分　東経10度54分

交通アクセス　●ミュンヘンからフュッセンまで列車で約2時間。
　　　　　　　　フュッセンからバスで約45分（1日2本）

シンクタンクせとうち総合研究機構

## ブリュールのアウグストスブルク城とファルケンルスト城

| | |
|---|---|
| 登録物件名 | Castles of Augustusburg and Falkenlust at Bruhl |
| 遺産種別 | 文化遺産 |
| 登録基準 | （ⅱ）ある期間を通じて、または、ある文化圏において、建築、技術、記念碑的芸術、町並み計画、景観デザインの発展に関し、人類の価値の重要な交流を示すもの。<br>（ⅳ）人類の歴史上重要な時代を例証する、ある形式の建造物、建築物群、技術の集積、または、景観の顕著な例。 |
| 登録年月 | 1984年11月（第8回世界遺産委員会ブエノスアイレス会議） |

登録遺産の概要　ブリュールは、ドイツ西部のケルンとボンの中間にあり、ケルンから南西約15kmにある。アウグストスブルク城は、ケルンの大司教であったクレメンス・アウグスト大司教のために建てられたドイツ・ロココ様式の代表的な建築。1725年から40年以上の歳月を費やして建てられた地方貴族の絶大な権力と富の象徴で、フランソワ・ド・キュヴィリエの設計。階段の間は、女性像と男性像の豪華な装飾壁柱で有名。一見大理石製に見えるが、木製で、バルタザール・ノイマンの作。庭園のはずれにあるファルケンルスト城は、外観が簡素な二階建て。アウグストスブルク城の狩猟用別邸として建てられた。

| | |
|---|---|
| 分類 | 建造物群、城 |
| 年代区分 | 18世紀〜 |
| 物件所在地 | ノルトライン・ヴェストファーレン州ブリュール |
| 活用 | 観光 |
| 見所 | ●アウグストスブルク城<br>●ファルケンルスト城 |
| ゆかりの人物 | ●バルタザール・ノイマン（バロック建築の巨匠）<br>●フランソワ・ド・キュヴィリエ |
| 参考URL | http://www.unesco.org/whc/sites/288.htm |

世界遺産ガイド－ドイツ編－

アウグストスブルク城

ドイツの世界遺産

北緯50度49分　東経6度54分

交通アクセス　●ケルンから列車で約15分。

シンクタンクせとうち総合研究機構

# ヒルデスハイムの聖マリア大聖堂と聖ミヒャエル教会

| | |
|---|---|
| 登録物件名 | St. Mary's Cathedral and St. Michael's Church at Hildesheim |
| 遺産種別 | 文化遺産 |
| 登録基準 | （ⅰ）人類の創造的天才の傑作を表現するもの。<br>（ⅱ）ある期間を通じて、または、ある文化圏において、建築、技術、記念碑的芸術、町並み計画、景観デザインの発展に関し、人類の価値の重要な交流を示すもの。<br>（ⅲ）現存する、または、消滅した文化的伝統、または、文明の、唯一の、または、少なくとも稀な証拠となるもの。 |
| 登録年月 | 1985年12月（第9回世界遺産委員会パリ会議） |

登録物件の概要　ヒルデスハイムは、ドイツ中央部ハノーバーの南東約30kmにあり、ハルツ地方とハイデ地方、ヴェーザー川が挟む地域の文化的な中心地として千年の昔から栄えてきた。815年、ルートヴィッヒ敬虔王が小高い丘の上にマリエン教会の礎石を置いたことからこの町の歴史が始まった。この町には、11世紀創建のロマネスク教会が3つあり、そのうち2つが世界遺産に登録された。聖マリア大聖堂は、「聖ベルンヴァルトの青銅扉」と「キリストの円柱」が貴重。1001～1033年に建てられた聖ミヒャエル教会は、左右対称の造りで、神の家の調和を意味している。天井画「エッサイの樹」は、1300枚の板を使って描かれた13世紀初頭の作。いずれもドイツ初期ロマネスクの建築・芸術様式の代表格として知られる。

| | |
|---|---|
| 分類 | 建造物群、宗教建築物 |
| 年代区分 | 11世紀 |
| 物件所在地 | ニーダーザクセン州ヒルデスハイム |
| 活用 | 観光 |
| 見所 | ●聖ミヒャエル教会<br>　天井画「エッサイの樹」<br>●聖マリア大聖堂<br>　聖ベルンヴァルトの青銅扉<br>　キリストの円柱 |
| 参考URL | http://www.unesco.org/whc/sites/187.htm |

世界遺産ガイド－ドイツ編－

聖ミヒャエル教会

北緯52度9分　東経9度56分

交通アクセス　●ハノーバーから列車で約30分。

ドイツの世界遺産

シンクタンクせとうち総合研究機構

## トリーアのローマ遺跡、聖ペテロ大聖堂、聖母教会

| | |
|---|---|
| 登録物件名 | Roman Monuments, Cathedral of St. Peter and Church of Our Lady in Trier |
| 遺産種別 | 文化遺産 |
| 登録基準 | （ⅰ）人類の創造的天才の傑作を表現するもの。<br>（ⅲ）現存する、または、消滅した文化的伝統、または、文明の、唯一の、または、少なくとも稀な証拠となるもの。<br>（ⅳ）人類の歴史上重要な時代を例証する、ある形式の建造物、建築物群、技術の集積、または、景観の顕著な例。<br>（ⅵ）顕著な普遍的な意義を有する出来事、現存する伝統、思想、信仰、または、芸術的、文学的作品と、直接に、または、明白に関連するもの。 |
| 登録年月 | 1986年11月（第10回世界遺産委員会パリ会議） |
| 登録物件の概要 | トリーアは、ドイツ西部、モーゼル川の上流ルクセンブルグに近いドイツ最古の都市。ローマ帝国による支配時代とキリスト教に彩られた中世の2つの特徴を持つ。3～4世紀のローマ遺跡には、ポルタ・ニグラ（黒い門）やカイザーテルメン（皇帝浴場跡）、バルバラテルメン（大浴場跡）、円形劇場、モーゼル橋がある。大聖堂は、11～12世紀のロマネスク様式。リーブフラウエン（聖母）教会は13世紀のゴシック様式。 |
| 分類 | 遺跡、建造物群、宗教建築物 |
| 年代区分 | 3世紀～ |
| 物件所在地 | ラインラント・プファルツ州トリーア |
| 活用 | 観光、博物館 |
| 見所 | ●ポルタ・ニグラ（黒い門）<br>●カイザーテルメン（皇帝浴場跡）<br>●バルバラテルメン（大浴場跡）<br>●円形劇場<br>●大聖堂<br>●聖母教会<br>●ライン州立博物館 |
| 参考URL | http://www.unesco.org/whc/sites/367.htm |
| 備考 | トリーアは、新潟県長岡市と姉妹友好都市の関係にある。 |

世界遺産ガイド－ドイツ編－

ポルタ・ニグラ

北緯49度45分　　東経6度37分

交通アクセス　●ケルンから特急列車で約2時間30分。

シンクタンクせとうち総合研究機構

ドイツの世界遺産

# ハンザ同盟の都市リューベック

| | |
|---|---|
| 登録物件名 | Hanseatic City of Lubeck |
| 遺産種別 | 文化遺産 |
| 登録基準 | (iv) 人類の歴史上重要な時代を例証する、ある形式の建造物、建築物群、技術の集積、または、景観の顕著な例。 |
| 登録年月 | 1987年12月（第11回世界遺産委員会psリ会議） |
| 登録遺産の概要 | リューベックは、ドイツ北東部、ハンブルクの北東約60kmにある。バルト海に注ぐトラーヴェ川の中州に開けたリューベックは、ハンザ同盟が栄えた13～14世紀に帝国直轄都市として、また、鰊などの海産物取引の町として繁栄を極め「バルト海の女王」と呼ばれた。リューベックを盟主とするハンザ同盟は、14世紀には数十の加盟市を数え、地中海沿岸以外の全ヨーロッパで商業活動を行い、共同の武力を持って、政治上でも大きな勢力になった。中世の市庁舎、ホルステン門、ゴシック様式の聖マリア教会、塩の倉庫などが往時を偲ばせる。旧市街地がそっくり登録されたのは、北ヨーロッパでは、リューベックがはじめて。リューベックは、「ブッデンブローク家の人々」などの作品で著名な作家トーマス・マン（1875～1955年）が生まれた街として、また、エリカ街道沿いの町としても有名である。 |
| 分類 | 建造物群、港湾都市 |
| 年代区分 | 13世紀～ |
| 物件所在地 | シュレースウィヒホルシュタイン州リューベック |
| 活用 | 観光、博物館 |
| 見所 | ●ホルステン門<br>●市歴史博物館（ホルステン門内部にある）<br>●市庁舎<br>●聖マリア教会<br>●塩の倉庫<br>●ブッデンブローグハウス（マン兄弟記念館）<br>　（トーマス・マンと兄をの作家ハインリヒ・マンゆかりの品々を展示） |
| ゆかりの人物 | ●トーマス・マン（1875～1955年　作家。リューベック生まれ） |
| 参考URL | http://www.unesco.org/whc/sites/272.htm |
| 備考 | ●リューベックは、エリカ街道沿いの町としても知られている。<br>●リューベック市は、神奈川県川崎市と姉妹友好都市の関係にある。 |

世界遺産ガイド－ドイツ編－

トラーヴェ川の中州に開けたリューベック

北緯53度52分　東経10度41分

交通アクセス　●ハンブルクから列車で約40分。

ドイツの世界遺産

シンクタンクせとうち総合研究機構

39

## ポツダムとベルリンの公園と宮殿

| | |
|---|---|
| 登録物件名 | Palaces and Parks of Potsdam and Berlin |
| 遺産種別 | 文化遺産 |
| 登録基準 | (ⅰ) 人類の創造的天才の傑作を表現するもの。<br>(ⅱ) ある期間を通じて、または、ある文化圏において、建築、技術、記念碑的芸術、町並み計画、景観デザインの発展に関し、人類の価値の重要な交流を示すもの。<br>(ⅳ) 人類の歴史上重要な時代を例証する、ある形式の建造物、建築物群、技術の集積、または、景観の顕著な例。 |
| 登録年月 | 1990年12月（第14回世界遺産委員会バンフ会議）<br>1992年12月（第16回世界遺産委員会サンタ・フェ会議）　登録範囲の延長<br>1999年12月（第23回世界遺産委員会マラケシュ会議）　登録範囲の延長 |
| 登録遺産の概要 | ポツダムもベルリンもドイツ東部の森と湖に囲まれた都市で、18〜19世紀に造られた宮殿や公園が多数ある。ポツダムのサンスーシ宮殿は、プロイセンのフリードリヒ2世大王（1712〜1786年 在位1740〜1786年）が、1747年に完成させたフランス風のロココ様式の華麗な宮殿。「サンスーシ」とは、フランス語で「憂いのない」という意味で、学者や芸術家達と詩や音楽を楽しんだ。広大な庭園は、フォン・クノーベルスドルフの設計によるものである。後に絵画ギャラリー（1755年完成）や中国茶館（1757年完成）を建設、1769年には、庭園西端に新宮殿を完成させた。また、庭園の北東には、1945年に「ポツダム会談」が行われた場所として有名なツェツィーリエンホーフ宮殿がある。この宮殿は、フリードリヒ・ヴィルヘルム3世が1829年に王子のために建てた宮殿で、イタリア古典主義様式で建設された。ベルリンには、プロイセンの初代国王であるフリードリヒ1世（1657〜1713年 在位1701〜1713年）が妃のシャルロッテのために建設したシャルロッテンブルク宮殿が残る。 |
| 分類 | 文化的景観、公園、宮殿 |
| 年代区分 | 18世紀〜 |
| 物件所在地 | ブランデンブルク州ポツダム（州都）<br>ベルリン州ベルリン（首都） |
| 活用 | 観光 |
| 見所 | ●サンスーシ宮殿と庭園<br>●中国茶館<br>●新宮殿<br>●ツェツィーリエンホーフ宮殿と庭園<br>●バーベルスベルク宮殿と庭園<br>●シャルロッテンブルク宮殿 |
| ゆかりの人物 | ●フリードリヒ1世（1657〜1713年 在位1701〜1713年） |
| 参考URL | http://www.unesco.org/whc/sites/532.htm |

世界遺産ガイド－ドイツ編－

ポツダムのサンスーシー宮殿

北緯52度24分　東経13度2分

交通アクセス　●ベルリンへは、フランクフルトから列車で約4時間。
　　　　　　　●ポツダムへは、ベルリン・ツォー駅から列車で約40分。

ドイツの世界遺産

シンクタンクせとうち総合研究機構

41

# ロルシュの修道院とアルテンミュンスター

| | |
|---|---|
| 登録物件名 | Abbey and Altenmunster of Lorsch |
| 遺産種別 | 文化遺産 |
| 登録基準 | (ⅲ) 現存する、または、消滅した文化的伝統、または、文明の、唯一の、または、少なくとも稀な証拠となるもの。<br>(ⅳ) 人類の歴史上重要な時代を例証する、ある形式の建造物、建築物群、技術の集積、または、景観の顕著な例。 |
| 登録年月 | 1991年12月（第15回世界遺産委員会カルタゴ会議） |

**登録遺産の概要** ロルシュは、ドイツ中西部、フランクフルトとハイデルベルクの中間にあるヘッセン州の町。ライン川岸にあるアルテンミュンスター修道院は、フランク王国のカロリング朝（751〜987年）の763年にカロリング朝の修道院として創建されもので、当時の建築様式が現在も良好な保存状態で見られる。また、ロマネスク様式の聖堂、ローマ時代後期の800年前後に建てられ、オリジナルのまま現存するこの時代の建築物としては最古の帝国僧院跡、8世紀末〜9世紀初頭に建てられた「王の門」と呼ばれる凱旋門、納屋、9世紀には600冊に及ぶ写本を有した図書館などが城壁の内側に建てられ、9世紀末には修道僧の学問と修行の場として繁栄した。なかでも、帝国末期のサクソンに対する凱旋門は、カール大帝の勝利を記念している。

| | |
|---|---|
| 分類 | 建造物群、宗教建築物 |
| 年代区分 | 800年〜 |
| 物件所在地 | ヘッセン州ロルシュ |
| 活用 | 観光 |
| 見所 | ●アルテンミュンスター修道院<br>●帝国僧院跡<br>●凱旋門<br>●納屋<br>●図書館 |
| ゆかりの人物 | ●カール大帝 |
| 参考URL | http://www.unesco.org/whc/sites/515.htm |

世界遺産ガイド－ドイツ編－

ロルシュの修道院

ドイツの世界遺産

ロルシュの修道院と
アルテンミュンスター

北緯49度39分　東経8度34分

交通アクセス　●ハイデルベルクから車で約1時間。

シンクタンクせとうち総合研究機構

43

世界遺産ガイド－ドイツ編－

## ランメルスベルク旧鉱山と古都ゴスラー

| | |
|---|---|
| 登録物件名 | Mines of Rammelsberg and Historic Town of Goslar |
| 遺産種別 | 文化遺産 |
| 登録基準 | （ⅰ）人類の創造的天才の傑作を表現するもの。<br>（ⅳ）人類の歴史上重要な時代を例証する、ある形式の建造物、建築物群、技術の集積、または、景観の顕著な例。 |
| 登録年月 | 1992年12月（第16回世界遺産委員会サンタ・フェ会議） |
| 登録遺産の概要 | ゴスラーは、ドイツ中央部、ハルツ山脈の山麓にある中世の古都。ランメルスベルク旧鉱山は、ゴスラーの南東1kmにあり、千年もの長い歴史、類いまれな埋蔵量、鉱山技術の傑作が完璧な状態で保存されている。ゴスラーは、ランメルスベルク旧鉱山から産出された銀をはじめ、銅、錫、鉛、金などの鉱物資源に支えられ、ハンザ同盟の一都市としても繁栄した。ゴスラーには、中心部のマルクト広場に、中世のギルド会館、市庁舎、それに、民家、商家、邸宅などが残っており、13～19世紀までの鉱山都市の歴史を物語っている。 |

| | |
|---|---|
| 分類 | 産業遺産、鉱山、鉱山都市 |
| 年代区分 | 13世紀～ |
| 物件所在地 | ニーダーザクセン州ゴスラー |
| 管理 | ゴスラー市 |
| 計画 | ● ゴスラー歴史地区の管理計画<br>● ランメルスベルク博物館地域の管理計画 |
| 保存 | 文化財の保護と保存に関するニーダーザクセン法<br>（Lower Saxonny Law for the Care and Preservation of Cultural Monuments） |
| 活用 | 観光、博物館 |
| 文化施設 | ● ランメルスベルク鉱山博物館<br>● ゴスラー博物館 |
| 見所 | ● マルクト広場<br>● 金のグリフィン（ゴスラーのシンボル）<br>● 中世のギルド会館<br>● 市庁舎<br>● グッロケンシュピール（ランメルスベルク鉱山採掘1000年を記念し製作された）<br>● 皇帝宮殿 |
| 備考 | ゴスラーは、ドイツ最大の電気会社ジーメンスの創業者の出身地でもある。 |
| 参考URL | http://www.unesco.org/whc/sites/623.htm |

世界遺産ガイドードイツ編ー

ゴズラーのマルクト広場　白壁の建物は市庁舎　塔はマルクト教会

北緯51度53分　東経10度25分

ドイツの世界遺産

交通アクセス　●ゴスラーへは、ハノーバー中央駅から列車で約1時間20分。
　　　　　　　　或は、ゲッティンゲンから列車で、約1時間15分。

シンクタンクせとうち総合研究機構

45

# バンベルクの町

| | |
|---|---|
| 登録物件名 | Town of Bamberg |
| 遺産種別 | 文化遺産 |
| 登録基準 | (ⅱ) ある期間を通じて、または、ある文化圏において、建築、技術、記念碑的芸術、町並み計画、景観デザインの発展に関し、人類の価値の重要な交流を示すもの。<br>(ⅳ) 人類の歴史上重要な時代を例証する、ある形式の建造物、建築物群、技術の集積、または、景観の顕著な例。 |
| 登録年月 | 1993年12月（第17回世界遺産委員会カルタヘナ会議） |
| 登録遺産の概要 | バンベルクは、バイエルン州マイン川支流のレグニッツ川の沿岸にある。その中世の町並みは「ドイツの小ヴェネチア」とも呼ばれ、ドイツ屈指の美しさ。4本の尖塔が聳え立つ町のシンボルであるバンベルク大聖堂は、1012年建立、1237年に再建され、ロマネスクからゴシック様式への過渡期を表わす建築物。内部にはバンベルクの騎士像、ハインリヒ2世とその妃の墓などがある。その他ゴシックの旧宮殿、バロックの新宮殿、旧市庁舎、聖ミヒャエル教会や石畳の小道などが旅情を誘う。 |
| 分類 | 建造物群、町並み |
| 年代区分 | 11世紀～ |
| 物件所在地 | バイエルン州バンベルク |
| 活用 | 観光、博物館 |
| 見所 | ●バンベルク大聖堂<br>●バンベルクの騎士像<br>●皇帝夫妻の石棺（彫刻家リーメンシュナイダー作）<br>●司教区博物館（墓に埋葬された衣装などを展示）<br>●旧市庁舎<br>●ドーム広場<br>●旧宮殿（歴史博物館）<br>●新宮殿<br>●聖ミヒャエル教会 |
| ゆかりの人物 | ●E.T.A.ホフマン（作家。1809～1813年までバンベルクに居住） |
| 参考URL | http://www.unesco.org/whc/sites/624.htm |
| 備考 | バンベルク市は、新潟県長岡市と姉妹友好都市の関係にある。 |

世界遺産ガイド－ドイツ編－

バンベルクの町

ドイツの世界遺産

北緯49度53分　東経10度53分

交通アクセス　●ヴュルツブルクから列車で約1時間。
　　　　　　　●ミュンヘンから列車で約2時間15分。

シンクタンクせとうち総合研究機構

## マウルブロンの修道院群

| | |
|---|---|
| 登録物件名 | Maulbronn Monastery Complex |
| 遺産種別 | 文化遺産 |
| 登録基準 | (ⅱ) ある期間を通じて、または、ある文化圏において、建築、技術、記念碑的芸術、町並み計画、景観デザインの発展に関し、人類の価値の重要な交流を示すもの。<br>(ⅳ) 人類の歴史上重要な時代を例証する、ある形式の建造物、建築物群、技術の集積、または、景観の顕著な例。 |
| 登録年月 | 1993年12月（第17回世界遺産委員会カルタヘナ会議） |
| 登録遺産の概要 | マウルブロンは、南ドイツのシュツットガルトの北西約25 にある。マウルブロン修道院は、ドイツ最古の中世シトー派修道院で、1147年に建設され、その後城壁や生活や修行のための諸施設が建てられた。ロマネスク様式からゴシック様式に至る建築様式の変化がよくわかり、付属の建造物も含めてとてもよく保存されている。マウルブロン修道院は、16世紀半ばにプロテスタントの神学校となり、文豪のヘルマン・ヘッセ（1877～1962年）やロマン派詩人のヘルダーリン（1770～1848年）などの文学者がここで学んだ。ヘルマン・ヘッセの小説「知と愛」の舞台としても知られている。 |
| 分類 | 建造物群、宗教建築物 |
| 年代区分 | 12世紀～ |
| 物件所在地 | バーデンウュルテンベルク州マウルブロン |
| 活用 | 観光 |
| 見所 | ●回廊の天井のフレスコ画<br>●回廊の一角にある噴泉 |
| ゆかりの人物 | ●ヘルマン・ヘッセ（1877～1962 詩人、小説家）<br>●ヘルダーリン（1770～1848 詩人） |
| 参考URL | http://www.unesco.org/whc/sites/546.htm |

世界遺産ガイド－ドイツ編－

マウルブロンのシトー派修道院

ドイツの世界遺産

北緯49度0分　東経8度48分

交通アクセス　●シュトゥットガルトから列車で約40分、ミュールアッカー駅下車。そこからバス、或は車。

シンクタンクせとうち総合研究機構

49

## クヴェートリンブルクの教会と城郭と旧市街

| | |
|---|---|
| 登録物件名 | Collegiate Church, Castle and Old Town of Quedlinburg |
| 遺産種別 | 文化遺産 |
| 登録基準 | (ⅳ) 人類の歴史上重要な時代を例証する、ある形式の建造物、建築物群、技術の集積、または、景観の顕著な例。 |
| 登録年月 | 1994年12月（第18回世界遺産委員会プーケット会議） |
| 登録遺産の概要 | クヴェートリンブルクは、ドイツ中部ザクセンアンハルト州ハルツ地方にあり、中世ドイツ公国の一つ東フランケン公国の首都であった。ボーテ川のほとりに、9世紀に創建されたロマネスク様式の聖セヴァティウス教会を中心として商業都市として繁栄した。旧市街には1300近い木造軸組の建物が完全な形で残っており、その8割ほどは17～18世紀に建設されたものである。丘に建てられた城館から見下ろす旧市街は絵のように美しい。 |

| | |
|---|---|
| 分類 | 建造物群、宗教建築物 |
| 年代区分 | 9世紀～ |
| 物件所在地 | ザクセンアンハルト州クヴェートリンブルク |
| 活用 | 観光、博物館 |
| 見所 | ●マルクト広場<br>●市庁舎<br>●ローラント像（自由と公正を表わす）<br>●聖セルヴァティウス教会（ロマネスク様式のバシリカ）<br>●城博物館<br>●木組みの家博物館 |
| ゆかりの人物 | ●オットー1世（大帝）（912～973　後の神聖ローマ帝国初代皇帝。城山に女子修道院を創建したのが町のはじまり） |
| 参考URL | http://www.unesco.org/whc/sites/535.htm |

世界遺産ガイドードイツ編ー

丘には聖セルヴァティウス教会と城館が建ち、町全体を見渡せる。

北緯51度47分　東経11度8分

交通アクセス　●ベルリンから列車で約2時間40分。

シンクタンクせとうち総合研究機構

## フェルクリンゲン製鉄所

| | |
|---|---|
| 登録物件名 | Voeklingen Ironworks |
| 遺産種別 | 文化遺産 |
| 登録基準 | (ⅱ) ある期間を通じて、または、ある文化圏において、建築、技術、記念碑的芸術、町並み計画、景観デザインの発展に関し、人類の価値の重要な交流を示すもの。<br>(ⅳ) 人類の歴史上重要な時代を例証する、ある形式の建造物、建築物群、技術の集積、または、景観の顕著な例。 |
| 登録年月 | 1994年12月（第18回世界遺産委員会プーケット会議） |
| 登録物件の概要 | フェルクリンゲン製鉄所は、ドイツ南西部、ザール地方のザールラント州にある貴重な産業遺産。第2次産業革命最中の1873年に建設された敷地面積が約6万㎡のフェルクリンゲン製鉄所は、過去2世紀、この地方のザールブリュッケンで産出する石炭とルクセンブルグの南西地域で産出する鉄鉱石を原料として利用した製鉄所として栄え、フランスのロレーヌ地方、ルクセンブルグと共に、ヨーロッパの「石炭鉄鋼三角地帯」と呼ばれた。しかし1960年代を最盛期として、次第にヨーロッパの鉄鋼産業は衰退し、世界の製鉄業を長年リードし続け先導的な役割を果たしたフェルクリンゲン製鉄も、1986年にあえなく操業停止を余儀なくされた。 |
| 分類 | 産業遺産、製鉄所 |
| 年代区分 | 19世紀～ |
| 物件所在地 | ザールラント州フェルクリンゲン |
| 所有 | ディリンジャー・ヒュッテ・ザールタール　AG（ザールラント州土地局管下） |
| 保護法 | ●ハッテン-バウヒュッテ（製鉄所保護ユニット）<br>●モニュメントの保護管理に関する土地法（1987年） |
| 保存 | 文化モニュメント |
| 活用 | ガス送風棟、ゴンドラ式トロッコ、乾式ガス製錬装置、連続焼結設備などの製鉄所設備は、未来に残すべき遺産として、今もそのまま保存され、記念博物会議場、ザールラント造形大学の実験所などとして活用されている。 |
| 見所 | ●フェルクリンゲン製鉄所<br>　見学　10：00～18：00 |
| 参考URL | http://www.unesco.org/whc/sites/687.htm |

世界遺産ガイド－ドイツ編－

フェルクリンゲン製鉄所

北緯49度14分　東経6度51分

交通アクセス　●ザールブリュッケンから列車で10分

ドイツの世界遺産

シンクタンクせとうち総合研究機構　　　　　　　　　　　53

## メッセル・ピット化石発掘地

| | |
|---|---|
| 登録物件名 | Messel Pit Fossil Site |
| 遺産種別 | 自然遺産 |
| 登録基準 | （ⅰ）地球の歴史上の主要な段階を示す顕著な見本であるもの。これには、生物の記録、地形の発達における重要な地学的進行過程、或は、重要な地形的、または、自然地理的特性などが含まれる。 |
| 登録年月 | 1995年12月（第19回世界遺産委員会ベルリン会議） |
| 登録遺産の概要 | メッセル・ピットは、ヘッセン州のフランクフルト南方のダルムシュタットの近くにあり、今から5700万年から3600万年前の新生代始新世（地質年代）前期の生活環境を理解する上で最も重要な面積70haの化石発掘地。ここの地層は、石油が含まれる油母頁岩（オイル・シェール）で出来ておりメッセル層と呼ばれている。採掘された化石の種類は、馬の祖先といわれるプロパレオテリルム、アリクイ、霊長類、トカゲやワニなどの爬虫類、魚類、昆虫類、植物など多岐にわたる。なかでも、哺乳類の骨格や胃の内容物の化石は、保存状態が非常に良く、初期の進化を知る上で貴重な資料になっている。 |
| 分類 | 地質、化石発掘地 |
| 生物地理地区 | 中央ヨーロッパ森林（Middle European Forest） |
| 物件所在地 | ヘッセン州メッセル |
| 見所 | ●メッセル層<br>●プロパレオテリルム、アリクイ、トカゲ、ワニなどの化石<br>●哺乳類の骨格や胃の内容物の化石 |
| 保護 | ヘッセン州遺産保護法（Heritage Protection Act of Land Hesse） |
| 活用 | メッセル化石・地方史博物館（Messel Museum of Fossils and Local History） |
| 研究所 | ゼッケンベルク研究所（Senckenberg Research Institute） |
| 備考 | メッセルからの出土品は、フランクフルトのゼッケンベルク自然史博物館、ダルムシュタットのヘッセン博物館に展示されている。 |
| 参考URL | http://www.unesco.org/whc/sites/720.htm |

世界遺産ガイド-ドイツ編-

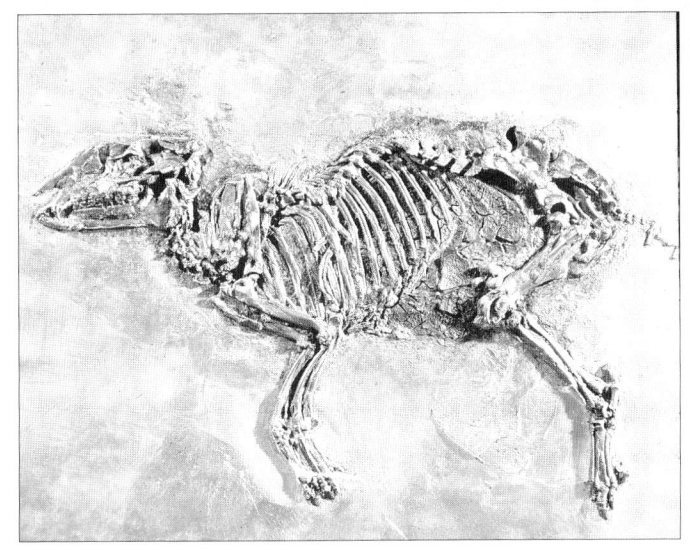

馬の祖先といわれるプロパレオテリルムの化石

北緯49度55分　東経8度45分

交通アクセス　●フランクフルトから列車で約50分。

ドイツの世界遺産

シンクタンクせとうち総合研究機構

55

# ケルン大聖堂

| 登録物件名 | Cologne Cathedral |
|---|---|
| 遺産種別 | 文化遺産 |
| 登録基準 | （ⅰ）人類の創造的天才の傑作を表現するもの。<br>（ⅱ）ある期間を通じて、または、ある文化圏において、建築、技術、記念碑的芸術、町並み計画、景観デザインの発展に関し、人類の価値の重要な交流を示すもの。<br>（ⅳ）人類の歴史上重要な時代を例証する、ある形式の建造物、建築物群、技術の集積、または、景観の顕著な例。 |
| 登録年月 | 1996年12月（第20回世界遺産委員会メリダ会議）<br>2004年7月（第28回世界遺産委員会蘇州会議）★【危機遺産】 |

**登録遺産の概要** 　ケルンは、ドイツ中西部、デュッセルドルフの南方30kmにあり、かつては「北のローマ」と呼ばれ、ハンザ同盟都市でもあった。ケルン大聖堂は、ライン河畔に堂々とそびえ建つ高さが157mもある巨大な二基の尖塔が象徴的な宗教建築物で、古都ケルンのシンボルになっている。正式名称は、ザンクト・ペーター・ウント・マリア大聖堂といい、重要な宗教的儀式が現在も行われている。1248年に着工、16世紀半ばには一時中断したが、600年を超える歳月を経て1880年に漸く完成したゴシック様式の建築物の傑作。歴代の建築家達は、建築計画のコンセプトを理解し、尊重し、忠誠と信念を貫き続けた。その証としての大聖堂の威容は、ヨーロッパ・キリスト教への信仰心の篤さを誇示している。大聖堂の内部には、聖母マリアの祭壇の背後に、キリスト降誕の際に東方からエルサレムにやってきたといわれる「東方の三博士」の棺が安置されている。また、円天井の窓にはめ込まれた美しいステンドグラスは、荘厳な大空間を創出している。2004年に近隣の高層ビルの建設による都市景観の完全性の喪失などの理由から、危機にさらされている世界遺産に登録された。

| 分類 | 宗教建築物、都市・建築 |
|---|---|
| 年代区分 | 13世紀〜 |
| 物件所在地 | ノルトライン・ヴェストファーレン州ケルン市 |
| 活用 | 観光、博物館 |
| 見所 | ●宝物館（宗教に関する金銀の道具が展示されている）<br>●大聖堂の絵（シュテファ・ロホナー作の祭壇画）<br>●「東方の三博士」の棺<br>●ステンドグラス（バイエルン窓） |
| 脅威 | ●高層ビル建設<br>●都市景観の完全性の喪失 |
| 備考 | ●ケルン市は、京都市と姉妹友好都市の関係にある。<br>●ケルン市は、「オー・デ・コロン」の発祥地。「ケルンの水」という意味がある。 |
| 参考URL | http://www.unesco.org/whc/sites/292.htm |

世界遺産ガイド―ドイツ編―

ライン川にかかるホーエン・ツォレルン橋とケルン大聖堂

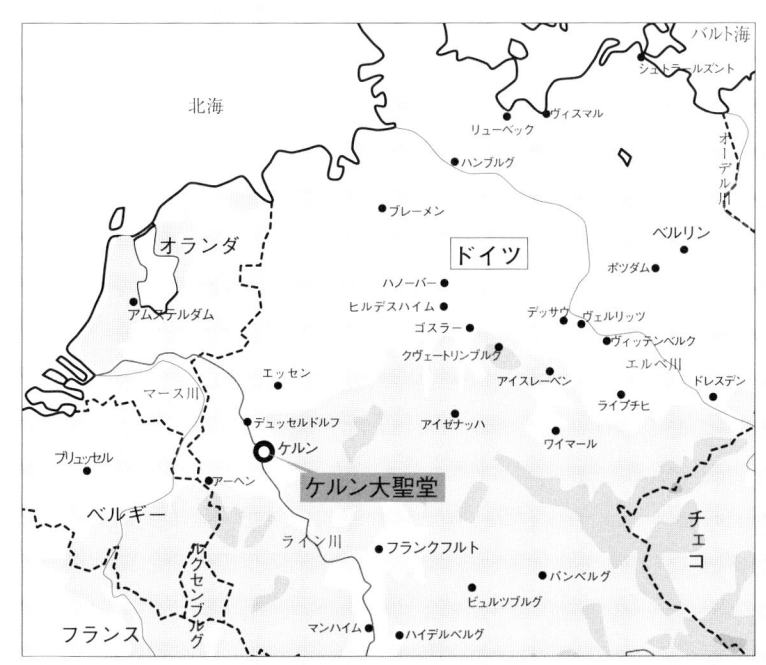

ドイツの世界遺産

北緯50度56分28秒　東経6度57分26秒

交通アクセス　●フランクフルトから特急列車で2時間15分。

シンクタンクせとうち総合研究機構　57

## ワイマールおよびデッサウにあるバウハウスおよび関連遺産群

| | |
|---|---|
| 登録物件名 | Bauhaus and its Sites in Weimar and Dessau |
| 遺産種別 | 文化遺産 |
| 登録基準 | （ⅱ）ある期間を通じて、または、ある文化圏において、建築、技術、記念碑的芸術、町並み計画、景観デザインの発展に関し、人類の価値の重要な交流を示すもの。<br>（ⅳ）人類の歴史上重要な時代を例証する、ある形式の建造物、建築物群、技術の集積、または、景観の顕著な例。<br>（ⅵ）顕著な普遍的な意義を有する出来事、現存する伝統、思想、信仰、または、芸術的、文学的作品と、直接に、または、明白に関連するもの。 |
| 登録年月 | 1996年12月（第20回世界遺産委員会メリダ会議） |

登録物件の概要　バウハウスは、1919年に、建築家のヴァルター・グロピウス（1883～1969年）によってテューリンゲン州のワイマールに設立された総合美術大学。ワイマールのバウハウス校舎は、芸術家を養成する為の旧ザクセン大公立造形美術大学と専門技術を教える旧ザクセン大公立芸術工芸学校との二つの機能を備えていた。1925年にワイマールの北東約110 にあるザクセン州のデッサウに移り、1933年に閉校になるまで、ルネッサンスの精神を引き継ぐ建築学的、美学的の思想と実践に革命的な役割を果たした。デッサウのバウハウス校舎の建築と巨大なガラスウォールなどの造形には、校長のヴァルター・グロピウスをはじめ、ハンス・メイヤー、ラッツロ・モーリーナギー、ワスリー・カンディンスキー（1866～1944年）などの教授陣が携わった。政府の予算打ち切り、ナチスの圧力などによって、バウハウスは、度重なる移転や閉鎖などを余儀なくされ、短い歴史に幕を閉じたが、これらの斬新な建物のデザイン、それに、バウハウスで生み出された数多くの芸術作品は、20世紀の建築や芸術のモダニズムの源流とも言え、世界中に多大な影響を与えた。

| | |
|---|---|
| 分類 | モニュメント、近代建築物、芸術 |
| 時代区分 | 20世紀 |
| 物件所在地 | テューリンゲン州ワイマール<br>ザクセン州デッサウ |
| 管理 | バウハウス・デッサウ財団（Bauhaus Dessau Foundation）<br>Gropiusallee 38, d-06846, Dessau, Germany　℡49 (0) 340 6508-0 |
| ゆかりの人物 | ●ヴァルター・グロピウス（1883～1969年）<br>●ワスリー・カンディンスキー（1866～1944年） |
| 備考 | ワイマールは、ゲーテ街道沿いの町としても知られている。 |
| 参考URL | http://www.unesco.org/whc/sites/729.htm |

世界遺産ガイドードイツ編一

デッサウのヴァルター・グロピウスによるバウハウス校舎

北緯50度58分　東経11度19分

交通アクセス　●ワイマールへは、ベルリンから列車で約3時間。
　　　　　　　●デッサウへは、ベルリンから列車で約1時間30分。

ドイツの世界遺産

シンクタンクせとうち総合研究機構　59

## アイスレーベンおよびヴィッテンベルクにあるルター記念碑

| | |
|---|---|
| 登録物件名 | Luther Memorials in Eisleben and Wittenberg |
| 遺産種別 | 文化遺産 |
| 登録基準 | (iv) 人類の歴史上重要な時代を例証する、ある形式の建造物、建築物群、技術の集積、または、景観の顕著な例。 |
| | (vi) 顕著な普遍的な意義を有する出来事、現存する伝統、思想、信仰、または、芸術的、文学的作品と、直接に、または、明白に関連するもの。 |
| 登録年月 | 1996年12月（第20回世界遺産委員会メリダ会議） |

登録物件の概要　ルター記念碑は、ザクセンアンハルト州アイスレーベンおよびヴィッテンベルクにある。サクソニー・アンホルトにあるルター記念碑は、マルティン・ルター（1483～1546年）とその弟子メランヒトンの生活を伝える。「ルターの町」と呼ばれるヴィッテンベルクには、ルター・ホール（ルターの住居）、1517年10月31日、ルターが世界の宗教、政治の歴史に新しい時代を吹き込んだ、かの有名な95か条の論題（意見書）を読み上げた聖マリア聖堂もある。マルクト広場には、ルターとメランヒトンの銅像が立っている。アイスレーベンは、ヴィッテンベルクの南西にあり、ルターは、この地で生まれ、この地でその生涯を終えた。

| | |
|---|---|
| 分類 | モニュメント |
| 年代区分 | 16世紀～ |
| 物件所在地 | ザクセンアンハルト州アイスレーベン |
| | ザクセンアンハルト州ヴィッテンベルク |
| 活用 | 観光、博物館 |
| 見所 | ヴィッテンベルク |
| | ●ルター・ホール |
| | ●メランヒトンの家 |
| | ●聖マリエン市教会（ルターが説教をしたところ） |
| | アイスレーベン |
| | ●ルター記念館 |
| ゆかりの人物 | ●マルティン・ルター（1483～1546年） |
| | ●メランヒトン（1497～1560年 神学者。ルターとともに宗教改革運動を推進） |
| 参考URL | http://www.unesco.org/whc/sites/783.htm |

世界遺産ガイド－ドイツ編－

ヴィッテンベルクにあるルター・ホール

ドイツの世界遺産

ルター・ホール　北緯51度51分　東経12度39分

交通アクセス
- ヴィッテンベルクへは、ベルリンから列車で約1時間15分。
- アイスレーベンへは、ベルリンから列車で約1時間30分。

## クラシカル・ワイマール

| | | |
|---|---|---|
| 登録物件名 | | Classical Weimar |
| 遺産種別 | | 文化遺産 |
| 登録基準 | （iii） | 現存する、または、消滅した文化的伝統、または、文明の、唯一の、または、少なくとも稀な証拠となるもの。 |
| | （vi） | 顕著な普遍的な意義を有する出来事、現存する伝統、思想、信仰、または、芸術的、文学的作品と、直接に、または、明白に関連するもの。 |
| 登録年月 | | 1998年12月（第22回世界遺産委員会京都会議） |

登録遺産の概要　ワイマールは、ベルリンの南西約230kmのドイツ中東部にある。18世紀後半～19世紀初期に小さなサクソンの町ワイマールは、「ファウスト」で有名なゲーテ（1749～1832年）や「ウイリアムテル」などの戯曲で知られるシラー（1759～1805年）に代表される様にたくさんの作家や学者がめざましい文化を開花させ、その後、ドイツ文化の精髄を象徴する意味を持つことになった。この発展は、「ゲーテハウス」や「シラーハウス」などの高質の建物の多くと「ゲーテの東屋」などがある周辺の公園にも反映されている。また、ヘルダー教会の名で親しまれている聖ペーター&パウル市教会や画家クラナハ親子の作品を収蔵するワイマール城など文化人ゆかりの建物が数多く残っている。この地は、第一次世界大戦で敗戦し、新しいワイマール憲法を採択した地としても有名。

| | |
|---|---|
| 分類 | モニュメント |
| 年代区分 | 18世紀～ |
| 物件所在地 | テューリンゲン州ワイマール市（人口6万人） |
| 活用 | 観光 |
| 博物館 | ゲーテ国立博物館（ゲーテの家） |
| 見所 | ●ゲーテハウス |
| | ●シラーハウス |
| | ●ゲーテの東屋 |
| ゆかりの人物 | ●ゲーテ（1749～1832年　ドイツ古典主義の文豪） |
| | ●シラー（1759～1805年　ドイツ古典主義の詩人、劇作家） |
| | ●ニーチェ（1844～1900年　ドイツの哲学者） |
| | ●リスト（1811～1886年　ハンガリーのロマン派作曲家） |
| | ●バッハ（1685～1750年　ドイツの古典派音楽家　近代音楽の父） |
| | ●ヘルダーリン（1770～1843年　ドイツのロマン派詩人） |
| | ●クラナハ親子 |
| 参考URL | http://www.unesco.org/whc/sites/846.htm |
| | ●ゲーテの文献（ゲーテ・シラー資料館収蔵）は、ユネスコの史料遺産（MOW）に指定されている。 |

世界遺産ガイド－ドイツ編－

ゲーテとシラーの像

聖ペーター＆パウル市教会

ドイツの世界遺産

北緯50度58分　東経11度19分

交通アクセス　●フランクフルトから列車で約5時間。

シンクタンクせとうち総合研究機構

世界遺産ガイドードイツ編ー

# ベルリンのムゼウムスインゼル（美術館島）

| 登録物件名 | Museumsinsel（Museum Island）, Berlin |
|---|---|
| 遺産種別 | 文化遺産 |
| 登録基準 | （ⅱ）ある期間を通じて、または、ある文化圏において、建築、技術、記念碑的芸術、町並み計画、景観デザインの発展に関し、人類の価値の重要な交流を示すもの。<br>（ⅳ）人類の歴史上重要な時代を例証する、ある形式の建造物、建築物群、技術の集積、または、景観の顕著な例。 |
| 登録年月 | 1999年12月（第23回世界遺産委員会マラケシュ会議） |

登録物件の概要　ムゼウムスインゼル（美術館島）は、ベルリンのシュプレー川の中州のミッテ地区にある。フリードリヒ・ヴィルヘルム3世の主導で、19世紀初めに建設され、第2次世界大戦まで、ベルリン国立美術館の重要なコレクションを収容していた。第2次世界大戦後、ベルリンでの際立った美術館が東側にあった為に、こうした美術館が西側にも設けられることになった。1990年の東西ドイツの再統一によって、ベルリンの壁が解放され再び合体したベルリンには、コンサートホールが2つ、オペラハウスが3つ、美術館・博物館に至っては、28館を数えるまでになり、現在、東西美術館の統合が進められている。美術館島には、古代ギリシャの都市国家であったペルガモン（現在のトルコ）で発掘された「ゼウスの大祭壇」や古代バビロニアの「イシュタール門」などの巨大な遺跡がそのまま展示されているペルガモン美術館、古代およびビザンチン芸術を収集したバロック風のドームが印象的なボーデ美術館（旧カイザー・フリードリヒ美術館）、印象派絵画を揃えた旧国立美術館、それに、新国立美術館がある。

| 分類 | モニュメント、都市・建築、芸術 |
|---|---|
| 時代区分 | 19世紀～20世紀 |
| 物件所在地 | ベルリン（首都）ミッテ地区（美術館島） |
| 活用 | 観光 |
| 管理 | プロイセン文化財団 |
| 美術館 | ●ペルガモン美術館（Pergamon Museum）<br>「ゼウスの大祭壇」「ミレトスの市場門」「イシュタール門」「行列通り」<br>●旧国立美術館（Alte Nationalgalerie）<br>●新国立美術館（Neue Nationalgalerie）　エジプト関係の展示品<br>●ボーデ美術館（Vorderasiatisches Museum）　（現在休館中） |
| イベント | 世界遺産・博物館島　ベルリンの至宝展ーよみがえる美の聖域ー<br>2005年4月5日～6月12日　東京国立博物館　平成館 |
| 参考URL | http://www.unesco.org/whc/sites/896.htm |
| 備考 | ●ベルリン市ミッテ地区は、東京都新宿区、大阪府東大阪市、島根県津和野町と姉妹友好都市の関係にある。<br>●ミッテ地区には、森鴎外（津和野町出身）記念館がある。 |

ドイツの世界遺産

シンクタンクせとうち総合研究機構

世界遺産ガイドードイツ編ー

ボーデ美術館

ドイツの世界遺産

北緯52度31分　東経13度23分

交通アクセス　●ベルリンへは、フランクフルト空港から列車で約4時間。
　　　　　　　●ミッテ地区へは、地下鉄ハッケシャー・マルクト駅が最寄りとなる。

シンクタンクせとうち総合研究機構　　　　　　　　　　　　　　　　　65

# ヴァルトブルク城

| | |
|---|---|
| 登録物件名 | Wartburg Castle |
| 遺産種別 | 文化遺産 |
| 登録基準 | (ⅲ) 現存する、または、消滅した文化的伝統、または、文明の、唯一の、または、少なくとも稀な証拠となるもの。 |
| | (ⅵ) 顕著な普遍的な意義を有する出来事、現存する伝統、思想、信仰、または、芸術的、文学的作品と、直接に、または、明白に関連するもの。 |
| 登録年月 | 1999年12月(第23回世界遺産委員会マラケシュ会議) |

登録物件の概要　ヴァルトブルク城は、テューリンゲン州のアイゼナッハにある。突起した岩の上にそびえるこの城塞は、いろいろな時代に造られた複数の建物群から成っている。まず、その最古の部分は、12世紀にさかのぼるといわれる城門部を通って、15~16世紀の木骨組の建物に囲まれた城の第一中庭に出る。城の第2中庭は、城塞の最も面白い建物、すなわち、本丸に通じている。堡塁と南の塔から、ドイツの偉大な作曲家ヨハン・セバスチャン・バッハ(1685~1750年)の生誕地であるアイゼナッハの町やテューリンゲンの森、それに、レーン山地を広く眺望できる。宗教改革者のマルティン・ルター(1483~1546年)が、国を追われた際に、ザクセン侯の庇護のもとに、この城に身を潜めて、1521年から10か月をかけてギリシャ原典の新約聖書をドイツ語に翻訳したことでも知られている。また、偉大な詩人ゲーテ(1749~1832年)も度々アイゼナッハとヴァルトブルク城を訪れ、いくつもの美しい詩を残した。それに、中世の頃から歌合戦の伝統があり、リヒャルト・ワーグナー(1813~83年)の歌劇「タンホイザー」の舞台にもなった多くの偉人のゆかりの地でもある。

| | |
|---|---|
| 分類 | 建造物群 |
| 年代区分 | 12世紀~ |
| 物件所在地 | テューリンゲン州エアフルト県アイゼナッハ |
| 見所 | ●騎士の間 |
| | ●食事の間 |
| | ●エリザベートの間 |
| | ●歌合戦の大広間(「タンホイザー」の歌合戦のフレスコ画がある。ここでは、コンサートも開催される) |
| | ●方伯の間 |
| | ●ルターシュトゥーベ(ルターが新約聖書をドイツ語に翻訳した部屋) |
| ゆかりの人物 | ●ルター (1483~1546年) |
| | ●バッハ (1685~1750年) |
| | ●ゲーテ (1749~1832年) |
| | ●ワーグナー (1813~1883年) |
| 参考URL | http://www.unesco.org/whc/sites/897.htm |

世界遺産ガイド－ドイツ編－

ヴァルトブルク城

ドイツの世界遺産

北緯50度58分　東経10度18分

交通アクセス　●フランクフルトから列車で約1時間40分。

シンクタンクせとうち総合研究機構　　　　　　　　　　　　　67

## デッサウ-ヴェルリッツの庭園王国

| | |
|---|---|
| 登録物件名 | Garden Kingdom of Dessau-Worlitz |
| 遺産種別 | 文化遺産 |
| 登録基準 | （ii）ある期間を通じて、または、ある文化圏において、建築、技術、記念碑的芸術、町並み計画、景観デザインの発展に関し、人類の価値の重要な交流を示すもの。<br>（iv）人類の歴史上重要な時代を例証する、ある形式の建造物、建築物群、技術の集積、または、景観の顕著な例。 |
| 登録年月 | 2000年12月（第24回世界遺産委員会ケアンズ会議） |

登録遺産の概要　デッサウ-ヴェルリッツの庭園王国は、エルベ川の支流のムルデ川が流れるドイツ中北部のデッサウとヴェルリッツに広がる庭園景観。侯爵レオポルド3世フリードリヒ・フランツ（1740～1817年）は、1764年から内湖沿いに広々とロマンティックな英国式庭園を造営させ敷地内にフローラ神殿や宮殿などの建物を配置した。デッサウ-ヴェルリッツの庭園王国は、庭園、公園、建物などのレイアウトを広範かつ全体的に調和させた18世紀における景観設計や景観計画の啓蒙期の顕著な実例。なかでも、ドイツ古典様式の宮殿などの建造物、彫像や橋などのモニュメントのデザインは、中欧における代表的な文化的景観に数えられ、詩人のゲーテもその影響を受けたといわれている。

| | |
|---|---|
| 分類 | 文化的景観、庭園、公園 |
| カテゴリー | 人間によって意図的に設計され創造されたと明らかに定義できる景観 |
| 物件所在地 | ザクセン・アンハルト州デッサウ<br>アンハルト・ツェルプスト郡ビッターフェルト |
| 活用 | 観光、教育、小川巡りカヌー |
| 見所 | ●庭園景観<br>●フローラ神殿、宮殿<br>●彫像、橋などのモニュメント |
| ゆかりの人物 | ●レオポルド3世フリードリヒ・フランツ<br>●ゲーテ（1749～1832年） |
| 脅威 | ●エルベ川の洪水 |
| 参考URL | http://www.unesco.org/whc/sites/534rev.htm |

庭園と建物の景観

北緯51度51分　東経12度25分

交通アクセス　●デッサウへは、ベルリンから列車で1時間30分。

# ライヒェナウ修道院島

| | |
|---|---|
| 登録物件名 | Monastic Island of Reichenau |
| 遺産種別 | 文化遺産 |
| 登録基準 | (ⅲ) 現存する、または、消滅した文化的伝統、または、文明の、唯一の、または、少なくとも稀な証拠となるもの。<br>(ⅳ) 人類の歴史上重要な時代を例証する、ある形式の建造物、建築物群、技術の集積、または、景観の顕著な例。<br>(ⅵ) 顕著な普遍的な意義を有する出来事、現存する伝統、思想、信仰、または、芸術的、ル文学的作品と、直接に、または、明白に関連するもの。 |
| 登録年月 | 2000年12月（第24回世界遺産委員会ケアンズ会議） |
| 登録遺産の概要 | ライヒェナウ修道院島は、ドイツ南部フライブルグ地方にあるボーデン湖（英名はコンスタンス湖）に浮かぶ島。ライヒェナウ島には、724年に創立されたベネディクト会修道院の足跡が保存されている。ベネディクト会は、当時の人々に宗教的、それに知的な影響を多大に及ぼした。9～11世紀に建設された聖マリア教会、聖ペテロ・パウロ教会、聖ゲオルク教会の各教会は、中欧における中世初期の修道院建築がどのようなものであったかを提示してくれる。 |

| | |
|---|---|
| 分類 | 建造物群、宗教建築物 |
| 年代区分 | 8世紀～ |
| 物件所在地 | バーデンウュルテンベルク州コンスタンツ市ライヒェナウ |
| 活用 | 観光 |
| 見所 | ●聖マリア教会（天井の様式や壁画）<br>●宝物館（5～9月のみ公開）<br>●聖ペテロ・パウロ教会（アプシス壁画）<br>●聖ゲオルク教会（1000年ころのオットー朝の壁画） |
| 参考URL | http://www.unesco.org/whc/sites/974.htm |
| 備考 | ●4月～10月には、島内に周遊バスが運行されている。<br>●ライヒエナウ修道院（コンスタンス湖）で生み出されたオットー朝からの彩飾写本は、ユネスコの史料遺産（MOW）に指定されている。 |

世界遺産ガイド－ドイツ編－

ボーデン湖に浮かぶライヘナウ島と聖ゲオルグ教会

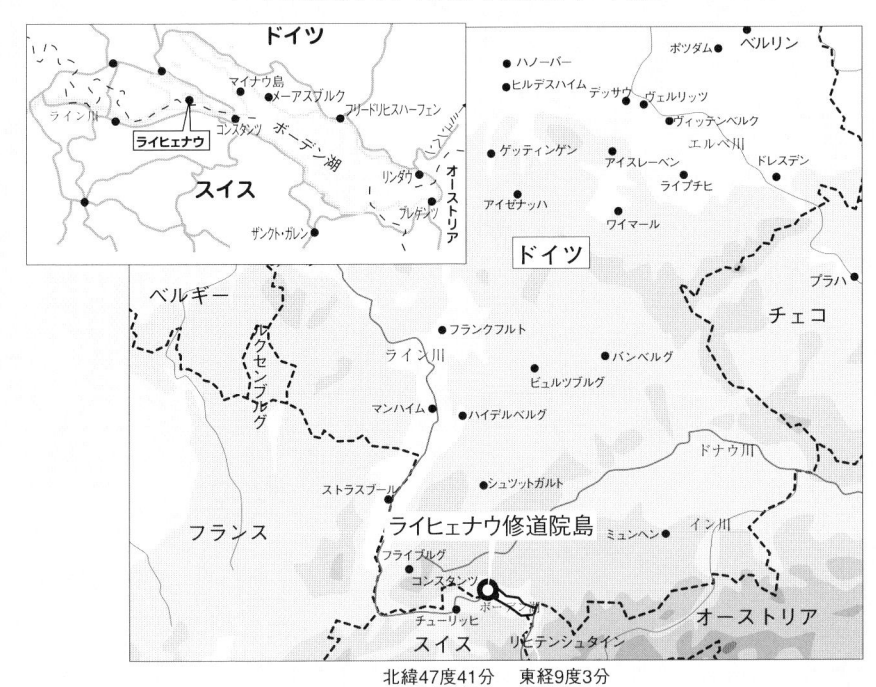

北緯47度41分　東経9度3分

ドイツの世界遺産

交通アクセス　●フランクフルトからコンスタンツまで、列車で約1時間20分。
　　　　　　　ライヘナウ島へは、そこからバス、またはフェリー。

シンクタンクせとうち総合研究機構

## エッセンの関税同盟炭坑の産業遺産

| | |
|---|---|
| 登録物件名 | The Zollverein Coal Mine Industrial Complex in Essen |
| 遺産種別 | 文化遺産 |
| 登録基準 | (ⅱ) ある期間を通じて、または、ある文化圏において、建築、技術、記念碑的芸術、町並み計画、景観デザインの発展に関し、人類の価値の重要な交流を示すもの。<br>(ⅲ) 現存する、または、消滅した文化的伝統、または、文明の、唯一の、または、少なくとも稀な証拠となるもの。 |
| 登録年月 | 2001年12月（第25回世界遺産委員会ヘルシンキ会議） |

登録物件の概要　関税同盟炭坑の産業遺産は、ドイツ西部、ルール地方の中心をなす工業都市エッセンを中心に展開するヨーロッパでも有数の建築・産業技術史上の貴重な遺産。なかでも1834年に創設されたドイツ関税同盟第12立坑の設備の建物の高い建築の質は、特筆される。1930年にエッセン北部に分散していた関税同盟炭坑の石炭採掘施設を統合する目的でつくられ開設当時は世界最大かつ最新の採炭施設であった。能率よりも美的側面を強調した建築物としての価値も極めて高い。1929年にバウハウスの影響を受けた建築家のフリッツ・シュップと マルティン・クレマーがエンジニアとの緊密な協力の下に建造したもので、1932年に操業を開始し、第12立坑は1986年に、コークス炉は、1993年に役目を終えた。その後、IBA（国際建築博覧会）エムシャーパーク・プロジェクトの一環として、エッセン市がノルトライン・ヴェストファーレン州開発公社と共同で雇用創出機関「バウヒュッテ」を創設し、炭鉱の全施設を保全、改修、再利用している。

| | |
|---|---|
| 分類 | 産業遺産、炭坑、文化的景観 |
| 年代区分 | 20世紀〜 |
| 物件所在地 | ノルトライン・ヴェストファーレン州エッセン市、デュッセルドルフ市、ゲルセンキルヘン市 |
| 所有 | ● Landsentwicklungsgesellschaft Nordrhein-Westfalen<br>● Ruhrkohle AG<br>● Kommunalverband Ruhrgebiet KVR<br>● VEBA Immobilien |
| 管理 | ● Stiftung Industriedenkmalpflege und Geschichtskultur<br>● Stiftung Zollverein |
| 保護 | ノルトライン・ヴェストファーレン州保護保存法（1980年3月11日） |
| 活用 | 観光、博物館 |
| 文化施設 | 関税同盟炭坑博物館（Museum Zeche Zollverein）　☎+49-201-30 20-133<br>Zeche Zollverein Schacht XII　Gelsenkirchener Str. 181, D-45309 Essen |
| 備考 | ノルトライン・ヴェストファーレン州経済振興公社の日本法人<br>〒102-0094　東京都千代田区紀尾井町4-1-7F　☎03-5210-2700 |
| 参考URL | http://www.unesco.org/whc/sites/975.htm |

世界遺産ガイド－ドイツ編－

デザイン、美術、演劇、音楽の活動空間として活用されている関税同盟第12立坑

ドイツの世界遺産

北緯51度29分　東経7度2分

交通アクセス　●エッセン中央駅から電車（107線）でZollverein駅下車、徒歩

シンクタンクせとうち総合研究機構

# ライン川上中流域の渓谷

| | |
|---|---|
| 登録物件名 | Upper Middle Rhine Valley |
| 遺産種別 | 文化遺産 |
| 登録基準 | (ii) ある期間を通じて、または、ある文化圏において、建築、技術、記念碑的芸術、町並み計画、景観デザインの発展に関し、人類の価値の重要な交流を示すもの。<br>(iv) 人類の歴史上重要な時代を例証する、ある形式の建造物、建築物群、技術の集積、または、景観の顕著な例。<br>(v) 特に、回復困難な変化の影響下で損傷されやすい状態にある場合における、ある文化(または、複数の文化)を代表する伝統的集落、または、土地利用の顕著な例。 |
| 登録年月 | 2002年6月（第26回世界遺産委員会ブダペスト会議） |

**登録遺産の概要**　ライン川上中流域の渓谷は、ラインラント・プファルツ州とヘッセン州のライン川中流の川幅が狭い渓谷のマインツからコブレンツまでの65kmにわたって展開する。ライン川上中流域の渓谷は、ヨーロッパにおける地中海地域と北部地域との間の2000年の歴史をもつ重要な輸送ルートの一つである。ライン川上中流域の渓谷は、人間が築いた長い歴史を物語るラインシュタイン城、ライヒェンシュタイン城、ゾーンエック城、シュタールエック城、シェーンブルク城、ラインフェルス城、グーテンフェルツ城、エーレンフェルツ城跡など伝説に包まれた古城群、白い壁に黒い屋根の家々が印象的なリューデスハイム、コブレンツ、ビンゲンなどの歴史都市、そして、ドイツ有数のワインを産するブドウ畑が、ドラマチックな変化に富んだ自然景観と共に絵の様に展開する。ライン川上中流域の渓谷には、長年にわたる歴史とローレライの岩の伝説などが息づいており、詩人のハインリッヒ・ハイネ（1797～1856年）、作家、芸術家、そして、作曲家などに強い影響を与えた。

| | |
|---|---|
| 分類 | 文化的景観、渓谷、城郭、農業景観（ブドウ畑）、集落 |
| カテゴリー | 有機的に進化する景観 |
| 物件所在地 | ラインラント・プファルツ州（州都　マインツ）　コブレンツ、ビンゲン<br>ヘッセン州（州都　ヴィースバーデン）　リューデスハイム |
| 活用 | 観光、ワイン博物館（ブレムザー城） |
| 見所 | ●ラインシュタイン城などの伝説に包まれた古城群<br>●リューデスハイム、コブレンツ、ビンゲンなどの歴史都市<br>●ローレライの岩<br>●ドイツ有数のワインを産するブドウ畑<br>●ゲーテも愛した赤ワインの町アスマンスハウゼン<br>●ゴンドラリフトで見るライン川とブドウ畑の景観<br>（リューデスハイム→展望台ニーダーヴァルト） |
| ゆかりの人物 | ●ハインリッヒ・ハイネ（1797～1856年。詩人）<br>●ヨハン・ウォルフガング・フォン・ゲーテ（1749～1832年。詩人、文学者） |
| 参考URL | http://www.unesco.org/whc/sites/1066.htm |

世界遺産ガイド-ドイツ編-

ライン川上中流域の渓谷　中州にたたずむプファルツ城

北緯50度10分25秒　東経7度41分39秒

ドイツの世界遺産

交通アクセス　●ライン下りは、フランクフルト中央駅からヴィースバーデン経由
　　　　　　　リューデスハイム下車、コブレンツまでライン川下りのKDラインに乗船。

## シュトラールズントとヴィスマルの歴史地区

| | |
|---|---|
| 登録物件名 | Historic Centres of Stralsund and Wismar |
| 遺産種別 | 文化遺産 |
| 登録基準 | (ⅱ) ある期間を通じて、または、ある文化圏において、建築、技術、記念碑的芸術、町並み計画、景観デザインの発展に関し、人類の価値の重要な交流を示すもの。<br>(ⅳ) 人類の歴史上重要な時代を例証する、ある形式の建造物、建築物群、技術の集積、または、景観の顕著な例。 |
| 登録年月 | 2002年6月（第26回世界遺産委員会ブダペスト会議） |

登録遺産の概要　シュトラールズントとヴィスマルの歴史地区は、ドイツ北部、バルチック海岸のメクレンブルク・フォアポンメルン州にある中世の町で、14〜15世紀には、ハンザ同盟の主要な貿易港であった。17〜18世紀には、シュトラールズントとヴィスマルは、スウェーデンの管理下になり、ドイツ領での防御の中心になった。シュトラールズントとヴィスマルは、バルチック地域におけるレンガ造りのゴシック建築が特徴のドーベラナー大聖堂のカテドラルなどの建物、それに、当地ではバックシュタインと呼ばれる見事な焼きレンガの壁などの建造技術の発展に貢献した。シュトラールズントの市庁舎、ザンクト・ニコライ聖堂、住居、商業、それに、工芸用の一連の建物は、数世紀以上にもわたって進化を遂げた。

| | |
|---|---|
| 分類 | 建造物群、都市・建築 |
| 年代区分 | 14世紀〜 |
| 物件所在地 | メクレンブルク・フォアポンメルン州シュトラールズント<br>メクレンブルク・フォアポンメルン州ヴィスマル |
| 活用 | 観光、博物館 |
| 見所 | シュトラールズント<br>●市庁舎<br>●ザンクト・ニコライ聖堂<br>●海洋博物館<br>●文化歴史博物館<br>ヴィスマル<br>●アルター・シュヴェーテ（14世紀末のヴィスマル最古の建築物）<br>●ラートハウスケラー（郷土歴史博物館）<br>●マリエン教会 |
| 参考URL | http://www.unesco.org/whc/sites/1067.htm |

世界遺産ガイド-ドイツ編-

シュトラールズント旧市街　ザンクト・ニコライ聖堂

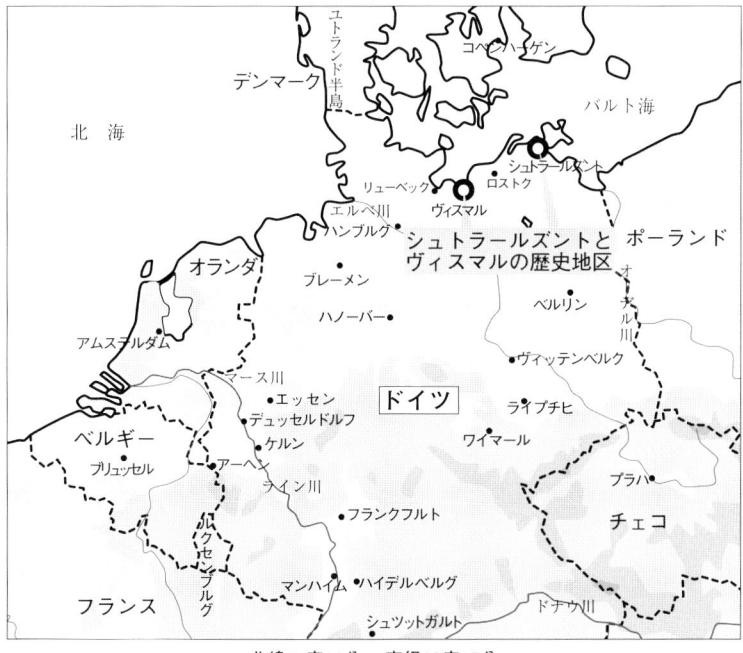

北緯54度18分　東経13度05分

交通アクセス　●ヴィスマル　ロストクから列車で約1時間10分。
　　　　　　　●シュトラールズント　ロストクから列車で約50分。

ドイツの世界遺産

シンクタンクせとうち総合研究機構

# ドレスデンのエルベ渓谷

| | |
|---|---|
| 登録物件名 | Dresden Elbe Valley |
| 遺産種別 | 文化遺産 |
| 登録基準 | (ⅱ) ある期間を通じて、または、ある文化圏において、建築、技術、記念碑的芸術、町並み計画、景観デザインの発展に関し、人類の価値の重要な交流を示すもの。 |
| | (ⅲ) 現存する、または、消滅した文化的伝統、または、文明の、唯一の、または、少なくとも稀な証拠となるもの。 |
| | (ⅳ) 人類の歴史上重要な時代を例証する、ある形式の建造物、建築物群、技術の集積、または、景観の顕著な例。 |
| | (ⅴ) 特に、回復困難な変化の影響下で損傷されやすい状態にある場合における、ある文化（または、複数の文化）を代表する伝統的集落、または、土地利用の顕著な例。 |
| 登録年月 | 2004年7月（第28回世界遺産委員会蘇州会議） |
| 登録遺産の面積 | コア・ゾーン 1,930ha、バッファー・ゾーン 1,240ha |

**登録物件の概要**　ドレスデンのエルベ渓谷は、ザクセン州の州都ドレスデン（人口約50万人）を中心に、北西部のユービガウ城とオストラゲヘーデ・フェルトから南東部のピルニッツ宮殿とエルベ川島までの18kmのエルベ川流域に展開する。ドレスデンのエルベ渓谷には、18～19世紀の文化的景観が残る。ドレスデンは、かつてのザクセン王国の首都で、エルベのフィレンツェと称えられ、華麗な宮廷文化が輝くバロックの町で、16～20世紀の建築物や公園などが残っている。なかでも、19～20世紀の産業革命ゆかりの鉄橋、鉄道、世界最古の蒸気外輪船、それに造船所は、今も使われている。

（注）エルベ川は、チェコとポーランドの間リーゼンゲビルゲ山脈から北海へ流れ出るドイツ第2の大河。

| | |
|---|---|
| 分類 | 文化的景観、渓谷 |
| 年代区分 | 18～19世紀 |
| 物件所在地 | ザクセン州ドレスデン（州都） |
| 活用 | 観光、博物館、遊覧船 |
| 見所 | ● ツヴィンガー宮殿 |
| | ● ブリュールのテラス（エルベ川に突き出した庭園付の遊歩道。遊覧船の乗り場もある） |
| | ● 遊覧船ヴァイセフロッテ（エルベ川遊覧。世界最古の蒸気遊覧船） |
| | ● ピルニッツ宮殿 |
| 脅威 | ● 洪水 |
| | ● 開発 |
| | ● エルベ川の汚染 |
| 参考URL | http://www.unesco.org/whc/sites/1156.htm |
| 備考 | ● 2002年夏の洪水の被害は、ドレスデンをも襲った。 |
| | ● 2006年には、ドレスデン建都800年祭が開催される。 |

世界遺産ガイド－ドイツ編－

ドレスデンのエルベ渓谷

北緯51度02分24秒　東経13度49分16秒

交通アクセス　●ドレスデン市内へは、ドレスデン・クローチェ国際空港から車で約30分。
　　　　　　　●ドレスデンへは鉄道で、ベルリンから約2時間、フランクフルトから約4時間。

ドイツの世界遺産

## ブレーメンのマルクト広場にある市庁舎とローランド像

| | |
|---|---|
| 登録物件名 | The Town Hall and Roland on the Marketplace of Bremen |
| 遺産種別 | 文化遺産 |
| 登録基準 | (iii) 現存する、または、消滅した文化的伝統、または、文明の、唯一の、または、少なくとも稀な証拠となるもの。<br>(iv) 人類の歴史上重要な時代を例証する、ある形式の建造物、建築物群、技術の集積、または、景観の顕著な例。<br>(vi) 顕著な普遍的な意義を有する出来事、現存する伝統、思想、信仰、または、芸術的、文学的作品と、直接に、または、明白に関連するもの。 |
| 登録年月 | 2004年7月（第28回世界遺産委員会蘇州会議） |
| 登録遺産の面積 | コア・ゾーン 0.3ha、バッファー・ゾーン 36,295ha |

登録物件の概要　ブレーメンのマルクト広場にある市庁舎とローランド像は、ハンブルクに次ぐ第2の港町ブレーメン（人口55万人）にある。ブレーメンは、大司教座の町として興り、交易によって、独立都市国家ハンザ同盟都市として繁栄した。市庁舎ラートハウスは、15世紀初期に建設されたルネサンス様式のファサードを持ったゴシック様式の煉瓦造りの建造物で、北ドイツのゴシック建築の顕著な例として有名。市庁舎のすぐ前にある高さ5.5mの石像ローランド像は、1404年に建て直されたが、ブレーメン市民の権利と司法特権の象徴であり、今も昔もブレーメンのシンボルになっている。ブレーメンは音楽隊の町として有名であるばかりか、メルヘン街道（南のハーナウから北のブレーメンまで600km）の出発点（終点）の町としても知られている。

| | |
|---|---|
| 分類 | 市庁舎、像 |
| 年代区分 | 15世紀～ |
| 物件所在地 | ブレーメン州ブレーメン市（州都） |
| 活用 | 観光 |
| 管理 | ブレーメン市 |
| 見所 | ●マルクト広場<br>●市庁舎<br>●ローランド像 |
| 備考 | ブレーメンは、メルヘン街道の出発点（終点）の町としても知られている。 |
| 参考URL | http://www.unesco.org/whc/sites/1087.htm |

世界遺産ガイド－ドイツ編－

ブレーメンのマルクト広場

ブレーメンのマルクト広場にある市庁舎とローランド像

ドイツの世界遺産

北緯53度4分33秒　東経8度48分26秒

交通アクセス　●鉄道　ハンブルクから1時間、或は、ケルンから3時間。
　　　　　　　●ブレーメン国際空港から市電で15分。

シンクタンクせとうち総合研究機構

81

# ムスカウ公園 / ムザコフスキー公園

| | |
|---|---|
| 登録物件名 | Muskauer Park / Park Muzakowski |
| 遺産種別 | 文化遺産 |
| 登録基準 | (ⅰ)人類の創造的天才の傑作を表現するもの。<br>(ⅳ)人類の歴史上重要な時代を例証する、ある形式の建造物、建築物群、技術の集積、または、景観の顕著な例。 |
| 登録年月 | 2004年7月（第28回世界遺産委員会蘇州会議） |
| 登録遺産の面積 | コア・ゾーン 348ha（ドイツ側 136.1ha ポーランド側 211.9ha）<br>バッファー・ゾーン 1204.65ha（ドイツ側 620.65ha ポーランド側 584ha） |
| 登録物件の概要 | ムスカウ公園 / ムザコフスキー公園は、ナイセ川をまたいでドイツの北東部とポーランドの西部の国境に広がる景観公園。1815～1844年に、ヘルマン・フォン・ピュックラー・ムスカウ王子（1785～1871年）が造園したもので、都市景観設計への新たなアプローチの先駆けであり、英国式庭園の造園技術の発展にも影響を与えた。見所としては、ドイツ側の新城やマウンテン公園の中にある教会の遺跡、ポーランド側の橋梁やピュックラーの石碑などがある。ムスカウ公園 / ムザコフスキー公園は、もともと一つの公園であったが、第二次世界大戦後の1945年にドイツとポーランドの国境によって、分割された。 |

| | |
|---|---|
| 分類 | 公園 |
| 年代区分 | 19世紀～ |
| 物件所在国 | ドイツ連邦共和国／ポーランド共和国 |
| 物件所在地 | ドイツ側　ザクセン州バッド・ムスカウ<br>ポーランド側　ルブスキエ県ジャルイ郡レクニカ |
| 管理 | ドイツ側　ピュックラー財団（Pueckler Foundation）<br>ポーランド側　歴史景観保護センター（Historic Landscape Protection Centre） |
| 見所 | ドイツ側<br>　●新城<br>　●教会の遺跡<br>ポーランド側<br>　●橋梁<br>　●ピュックラーの石碑 |
| 脅威 | ドイツ側<br>　●褐炭をエネルギー源とする発電所<br>ポーランド側<br>　●ナイセ川の下水汚染 |
| 参考URL | http://www.unesco.org/whc/sites/1127.htm |

ドイツ側のムスカウ公園

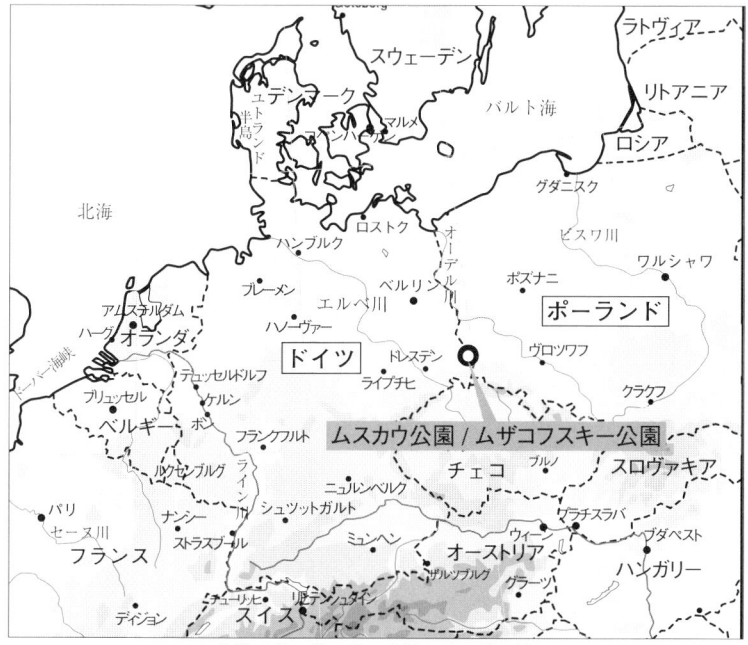

北緯51度34分45秒　東経14度43分35秒

交通アクセス　●ドレスデンから車。

# ドイツの世界遺産暫定リスト記載物件

ハンブルクのチリハウス　船舶をイメージして造られた建物

## ドイツの暫定リスト記載物件

- 20th Century Berlin Settlements（20世紀のベルリンのSettlements）

- Altstadt Regensburg（レーゲンスブルグ旧市街）

- Bergpark Wihelmshohe（ヴィルヘルムスヘ宮殿公園）

- Former Benedictine abbey and monastery church of Corvey

- Heidelberg, town and castle（ハイデルベルクの町と城）

- Markgrafliches Opernhaus Bayreuth（バイロイトの辺境伯の歌劇場）

- Mine of Rammelsberg and historic town of Goslar-Extension by the "Oberharzer Wasserwirtschaft",i.e. the "Upper Harz Water Management System"（ランメルスベルク旧鉱山と古都ゴスラーの登録範囲の拡大" ハルツ北部の水管理システム"）

- Ore Mountains: mining and cultural landscape （鉱石山脈;鉱山と文化的景観）

- Schwetzingen, castle and castle gardens （シュヴェツィンゲンの城と庭園）

- Shoe last factory Carl Benscheidt, Fagus-Werk （カール・ベンシャイトのファグス製靴工場）

- The Chilehaus in Hamburg （ハンブルクのチリハウス）

- The Franck-Foundations in Halle （ハレのフランケ財団）

- The Naumburg Cathedral （ナウムブルク大聖堂）

- Upper German-Raetian Limes （ORL）（ドイツ北部のローマ帝国の境界線"リーメス"）

- Wadden Sea Area （ワッデン海域）

下線は、本書で取り上げた物件

ハイデルベルクの城郭と旧市街

リーメスヘインの防柵

ドイツの暫定リスト記載物件

シンクタンクせとうち総合研究機構　　下線は、本書で取り上げた物件

## ハイデルベルクの城郭と旧市街

| | |
|---|---|
| 物件名 | Heidelberg, Castle and Old Town |
| 種別 | 文化財 |

物件の概要　ハイデルベルクは、ドイツ南西部、フランクフルトから約100km、バーデン・ヴュルテンベルク州のオーデンワルドの森の端にある。ライン川の支流、ネッカー川の川沿いに旧市街が広がり、小高い山の上には、古城のハイデルベルク城がある。ハイデルベルク城は、プファルツ伯の居城であったが、三十年戦争においてグスタフ・アドルフが率いるスウェーデン軍に破壊された。その後、ハイデルベルクは、ドイツ最古の歴史を誇るハイデルベルク大学を中心として再建され、領主権力から一定の距離を保ちつつ、19世紀のドイツ帝国の成立を迎えた。ハイデルベルクは、第二次大戦中には、爆撃を受けず、煉瓦色の古い町並みを残す学生の街として、また、古城街道沿いの街として、繁栄している。

| | |
|---|---|
| 分類 | 建造物群、歴史都市、旧市街、町並み、景観 |
| 年代区分 | 12世紀〜 |
| 普遍的価値 | 煉瓦色の古い町並みを残す学生の街 |
| 学術的価値 | 都市・建築 |
| 物件所在地 | バーデン・ヴュルテンベルク州ハイデルベルク |
| 見所 | ●ハイデルベルク城（ケーブルカーでのぼる。バルコニーから町が一望できる）<br>●カール・テオドール橋<br>●ビスマルク広場<br>●大学広場<br>●マルクト広場<br>●旧大学<br>●聖霊教会<br>●市庁舎<br>●哲学者の道<br>●シュランゲンの小道 |
| 文化施設 | ●プファルツ選帝候博物館<br>●ドイツ薬事博物館 |
| イベント | ハイデルベルク城フェスティバル（Heidelberg Castle Festival）<br>2005年6月25日〜8月14日 |
| 日本との関係 | ハイデルベルクは、熊本県熊本市と姉妹都市提携を結んでいる。 |
| 備考 | 2005年7月に南アフリカのダーバンで開催される第29回世界遺産委員会で、世界遺産リストへの登録の可否が決まる。 |

世界遺産ガイド－ドイツ編－

山の中腹に建つハイデルベルク城

ドイツの暫定リスト記載物件

交通アクセス　●フランクフルトから列車で約50分。

# ワッデン海域

| | |
|---|---|
| 物件名 | Wadden Sea Area |
| 種別 | 自然環境 |

**物件の概要**　ワッデン海は、デンマーク、ドイツ、オランダの三国に囲まれ、いくつもの島々によって外洋と隔てられている。ワッデン海は、泥質干潟、塩性湿地、水路、砂浜、砂州とさまざまな自然環境に恵まれている。ワッデン海には、ゴマフアザラシ、ハイイロアザラシ、ネズミイルカなどの哺乳類、ヒラメ、ニシンなど100種の魚類、クモ、昆虫など2000種の節足動物など多様な野生生物が生息している。また、ワッデン海には、毎年約1000万〜1200万羽の渡り鳥が訪れ、渡りの中継地となっている。ワッデン海の沿岸部では、大規模な堤防やダムが造られ、洪水を減らし、低地の人々を守り、農工業の用水の確保に役立ってきたが、一方において、自然を破壊もしてきた。また、農薬、肥料、重金属、油による汚染と富栄養化、それに、漁業資源の乱獲などが進み環境が悪化している。1978年以降、オランダ、ドイツ、デンマークは、ワッデン海の総合的な保護の為の活動や方策を総括し、また、WWF（世界自然保護基金）も、ワッデン海の広大な海域を守る為、沿岸管理計画の策定を進めている。

| | |
|---|---|
| 分類 | 生態系、生物多様性 |
| 普遍的価値 | 泥質干潟、塩性湿地、水路、砂浜、砂州とさまざまな自然環境 |
| 学術的価値 | 自然環境 |
| 物件所在地 | デンマーク、ドイツ、オランダ |
| 保護計画 | 三か国ワッデン海計画（Trilateral Wadden Sea Plan）<br>三か国モニタリング・評価プログラム<br>（Trilateral Monitoring and Assessment Program）（TMAP） |
| 見所 | ●泥質干潟<br>●塩性湿地<br>●水路<br>●砂浜<br>●砂州<br>●渡り鳥 |
| イベント | 第11回国際学術ワッデン海シンポジウム<br>（The 11th International Scientific Wadden Sea Symposium）<br>2005年4月4〜8日　エスビヤオ市（デンマーク） |
| 事務局 | ワッデン海共通事務局（Common Wadden Sea Secretariat）<br>Virchowstr.1, 26382 Wilhelmshaven　☎04421/91080 |

ドイツ側から見たワッデン海

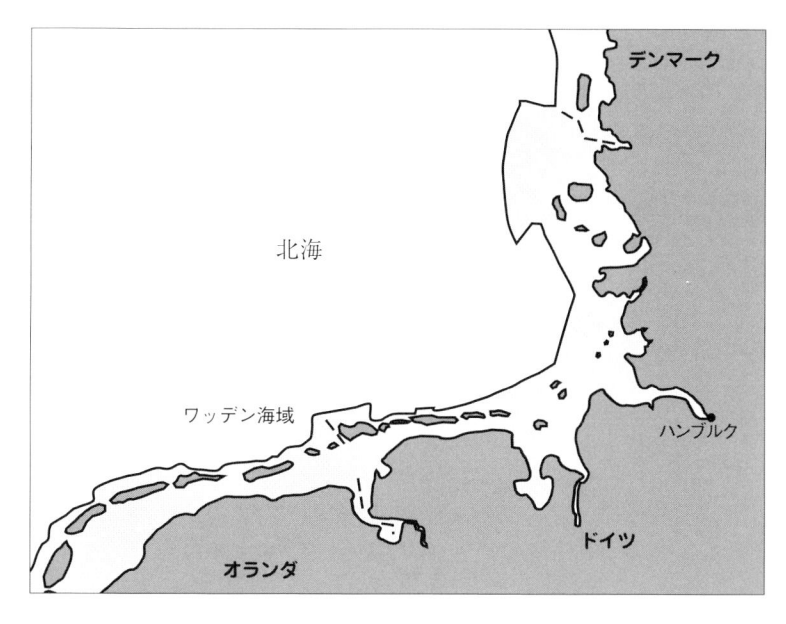

ドイツの暫定リスト記載物件

世界遺産ガイド－ドイツ編－

# レーゲンスブルク市街

| 物件名 | City of Regensburg |
|---|---|
| 種別 | 文化財 |

物件の概要　レーゲンスブルク市街は、ドイツ南東部、バイエルン州の州都ミュンヘンの北、約100kmにある古都。レーゲンスブルク市街は、ドナウ川が湾曲した河畔にあり、1世紀の頃に、ローマ軍が、その急流と広い川幅のために川を渡れずに駐屯して以来の歴史がある。12～13世紀には、交通、交易の中心地として繁栄した。また、2つの世界大戦の被害をほとんど受けていない為、ローマの遺跡と中世の街並みを昔ながらに保存されている。旧市街には、12世紀に建造されたドイツ最古の石橋であるシュタイナーネ橋、ゴシック調でステンドグラスの美しい聖ペーター大聖堂など20以上のカトリック教会が残っている。

| 分類 | 建造物群、市街、古都、町並み |
|---|---|
| 年代区分 | 1世紀～ |
| 普遍的価値 | ローマの遺跡と中世の街並みを昔ながらに保存 |
| 学術的価値 | 都市・建築 |

物件所在地　バイエルン州レーゲンスブルク

見所
- 聖ペーター大聖堂
- 聖エメラム教会
- 聖ウルリッヒ教会
- ノイプファール教会
- ノイプファール広場
- 旧市庁舎（帝国議会博物館）
- 市庁舎広場
- ハイド広場
- シュタイナーネ橋（ドイツ最古の石橋）
- ドナウ川遊覧船
- ヴァルハラ神殿（ドナウ川沿いに10km川下にある神殿）
- トゥルン・タクシス城
- レーゲンスブルク中央駅

文化施設
- 帝国議会博物館（旧市庁舎）
- トゥルン・タクシス博物館
- 市立博物館

特産品　レーゲンスブルガー・ソーセージ

ドイツの暫定リスト記載物件

シンクタンクせとうち総合研究機構

ドナウ川にかかるドイツ最古の石橋シュタイナーネ橋。2本の尖塔は大聖堂

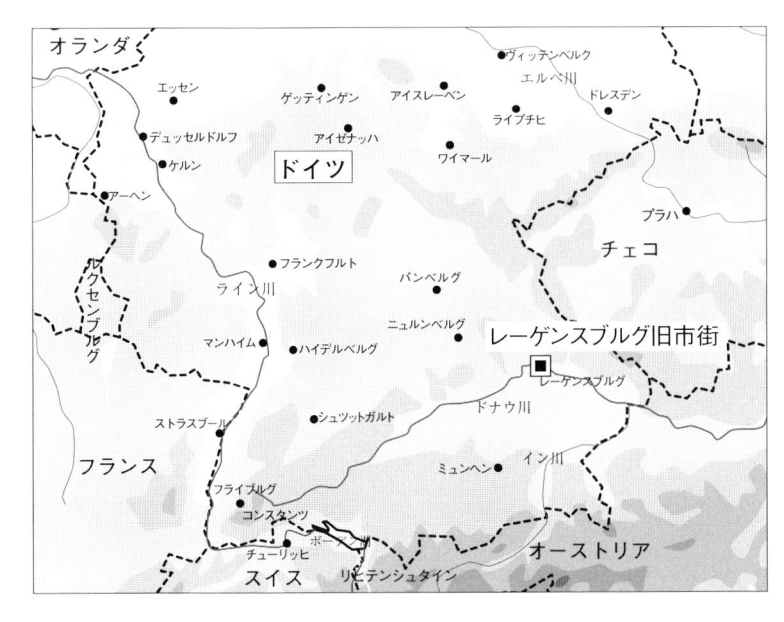

交通アクセス　●ニュルンベルクから列車で約1時間。
　　　　　　　●ミュンヘンから列車で約1時間30分。

世界遺産ガイド－ドイツ編－

## バイロイトの辺境伯の歌劇場

| | |
|---|---|
| 物件名 | Markgräfliches Opernhaus Bayreuth |
| 種別 | 文化財 |
| 物件の概要 | バイロイトの辺境伯の歌劇場は、バイエルン州の北東部の小高い丘と緑の濃い自然に包まれたバイロイトにあるオペラ劇場。バイロイトの辺境伯の歌劇場は、全館が木造のオペラ劇場で、19世紀のドイツの作曲家リヒャルト・ワーグナー（1813年～1883年）が自身の上演を目的として計画・設計した祝祭劇場。バイロイトの辺境伯の歌劇場は、バイエルン国王のルートヴィヒ2世の後援を得て、1872年に着工、1876年に創立された。歌劇場は、従来のオペラ座と同じであるが、観客を音楽に集中させるためオーケストラピットを舞台下に設け、観客席はギリシアの円形劇場を模した高いせり上がりに沿って配された。毎夏7月から8月には、ワーグナーの歌劇を演目とするバイロイト音楽祭が催され、ワーグナーの楽劇が上演される。 |
| 分類 | 建築物、オペラ劇場 |
| 年代区分 | 19世紀 |
| 普遍的価値 | 全館が木造のオペラ劇場 |
| 学術的価値 | 建築学 |
| 物件所在地 | バイエルン州バイロイト |
| バイロイトの見所 | ●辺境伯の歌劇場<br>●リヒャルト・ワーグナー・フェストシュピールハウス<br>●ハウス・ヴァーンフリート（ワーグナーが妻コジマと暮らしていた屋敷。内部は、ワーグナー博物館として公開されている）<br>●シュロス教会<br>●新宮殿<br>●旧宮殿<br>●バイロイト音楽祭<br>●オペラハウス |
| ゆかりの人物 | ●リヒャルト・ワーグナー（1813年～1883年） |
| イベント | 2005年バイロイト音楽祭　2005年7月25日～8月28日 |
| 日本との関係 | ●バイロイト大学と日本の小樽商科大学は、相互理解覚書及び学生交換協定を締結している。<br>●小林秀雄は、かつて、バイロイトの辺境伯の歌劇場を「劇場というより巨大なラッパ」とたとえた。 |
| 備考 | 日本ワーグナー協会 |

世界遺産ガイドードイツ編ー

辺境伯の歌劇場

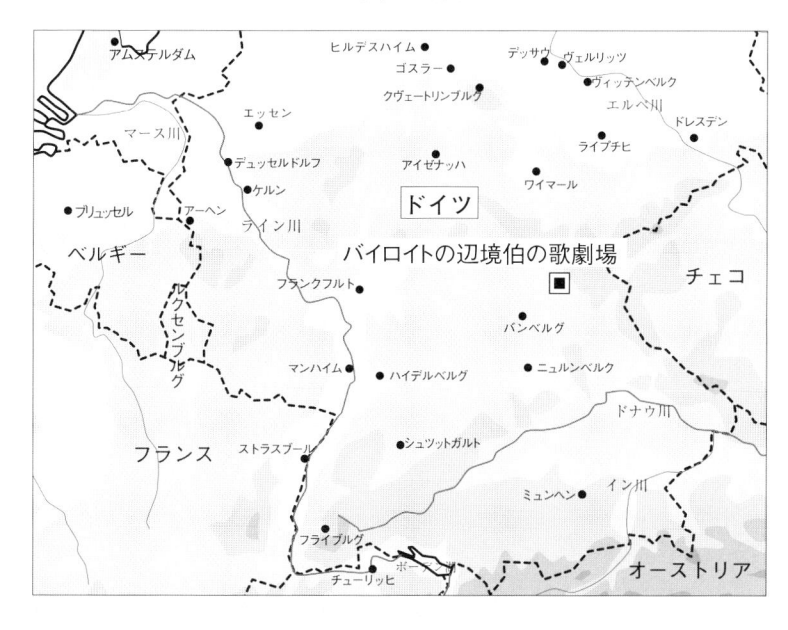

ドイツの暫定リスト記載物件

交通アクセス　●ニュルンブルクから列車で約1時間。

## 鉱石山脈:鉱山と文化的景観

| | |
|---|---|
| 物件名 | Ore mountains:mining and cultural landscape |
| 種別 | 文化財 |
| 物件の概要 | 鉱石山脈は、ドレスデンの南西、ザクセン州とチェコのボヘミア地方の境、標高1214mのフィヒテルベルク山を有し、全長130km、幅30～35kmに渡って広がるエルツ山脈のことである。エルツとはドイツ語で「鉱石」の意味で、鉱石山脈の名前は、鉱物資源が豊富であったことから名づけられた。鉱石山脈は、中世には人も住まぬ密林であったが、12世紀に銀が14世紀に錫が発見されてから人が定住し、アンナベルグ・ブックホルツ、フライベルク、シュネーベルク、ザイフェンなどの町は繁栄したが、17世紀には、採掘量の減少、封建君主の圧政などで衰退した。厳しく長い冬、山岳地帯の為、他の産業が栄えない環境があいまって、人々の暮らしは、大変、苦しいものになった。かつて鉱山の町として栄華を極めた旧東ドイツのエルツ地方は、現在、菩提樹やブナなど豊富な木材資源を生かして盛んとなった「くるみ割り人形」、「パイプ人形」、「クリスマス・ピラミッド」などの木工芸品などで世界に知られるようになった。 |
| 分類 | 文化的景観 |
| 年代区分 | 12世紀～ |
| 物件所在地 | ザクセン州オーバーヴィーセンタール、アンナベルグ・ブックホルツ、フライベルク、シュネーベルク、アウエ・シュヴァルツェルブルク、ストールブルク、ザイフェン |
| 見所 | ●エルツ山脈<br>●町並み<br>●文化的景観<br>●伝統工芸 |
| 文化施設 | ●おもちゃ博物館（ザイフェン）<br>●野外博物館（ザイフェン） |
| 備考 | ●エルツおもちゃ博物館、軽井沢<br>〒389-0111 長野県北佐久郡軽井沢町塩沢風越公園182-1　☎0267-48-3340<br>●有馬玩具博物館<br>〒651-1401 兵庫県神戸市北区有馬町地　☎078-903-6971 |

世界遺産ガイド－ドイツ編－

鉱石山脈の文化的景観

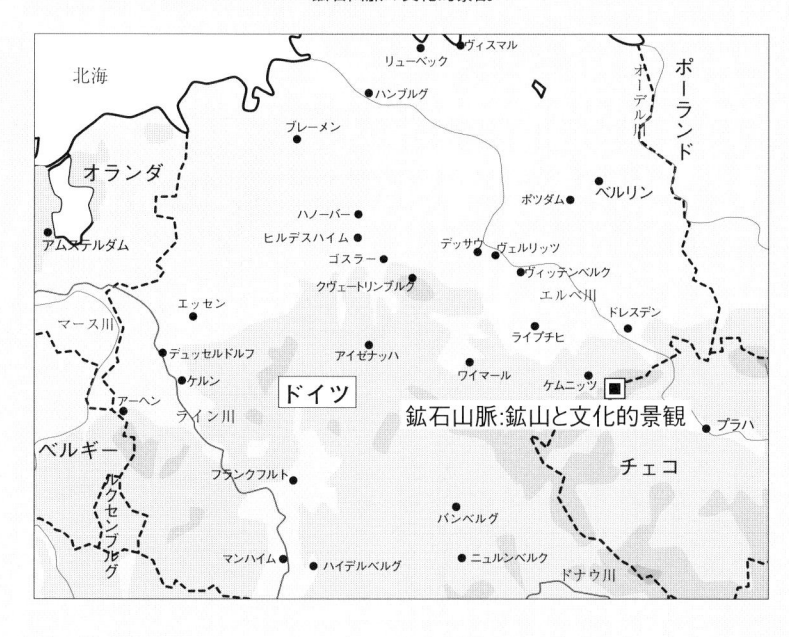

交通アクセス　●ドレスデンから車で2時間。

ドイツの暫定リスト記載物件

シンクタンクせとうち総合研究機構

97

# シュヴェツィンゲンの城と庭園

| | |
|---|---|
| 物件名 | Schwetzingen, castle and castle gardens |
| 種別 | 文化財 |

**物件の概要**　シュヴェツィンゲンの城と庭園は、ハイデルベルクの西12kmにあるバーデン・ヴュルテンベルク州の小さな町にある。シュヴェツィンゲンの城は、プファルツ選帝侯のカール・フィリップとカール・テオドールの夏の住居で、城というよりむしろ宮殿であった。シュヴェツィンゲンの城と庭園は、別名、プファルツ選帝侯のヴェルサイユとも呼ばれている。城は、1698年から建設され、庭園は、1742年からフランス様式とイギリス様式が取り入れられ72haに拡張された。シュヴェツィンゲンの城は、豪奢な選帝侯の浴室とモスクなど変化に富んだ建築要素を含んでいる。カール・テオドールの為に1752年に建てられた宮廷（ロココ）劇場や毎年開催される国際的なシュヴェツィンゲン音楽祭は有名である。

| | |
|---|---|
| 分類 | 文化的景観 |
| 年代区分 | 17世紀 |
| 物件所在地 | バーデン・ヴュルテンベルク州シュヴェツィンゲン |
| 見所 | ●シュヴェツィンゲンの城<br>●シュヴェツィンゲンの庭園<br>●シュヴェツィンゲン音楽祭 |
| ゆかりの人物 | ●カール・フィリップ<br>●カール・テオドール |
| イベント | シュヴェツィンゲン音楽祭　毎年春 |
| 特産品 | アスパラガス |

シュヴェツィンゲンの城と庭園

交通アクセス　●マンハイムから列車、或はハイデルベルクから車で30分。

世界遺産ガイド－ドイツ編－

## カール・ベンシャイトのファグス製靴工場

物件名　　　Shoe last factory Carl Benscheidt Fagus-Werk

種別　　　　文化財

物件の概要　カール・ベンシャイトのファグス製靴工場は、ニーダーザクセン州のメルヘン街道ライネ川沿いのアルフェルトにある。ファグス製靴工場は、1911年にカール・ベンシャイトの製靴機械を収容するためにワルター・グロピウス（1883～1969年）とアドルフ・マイヤー（1881～1929年）によって設計された美術的で、実際的なデザインの建物である。ファグス製靴工場は、ドイツ工作連盟のめざす工業生産の応用を実現した建築で、ファサードは、鉄とガラスを使用して、ガラス張りにしたカーテンウォールを採用、カーテンウォールの近代建築への適用の先駆けとなった。

分類　　　　近代建築、工場建築、建築遺産
年代区分　　20世紀

物件所在地　ニーダーザクセン州アルフェルト

見所　　　　●ファグス製靴工場
　　　　　　●ファサード

博物館　　　ファグス・グロピウス博物館（Fagus-Gropius Museum）
　　　　　　Fagus-GreCon
　　　　　　Hannoversche Strasse 58, 31061 Alfeld　☎49-0-5181-790
　　　　　　http://www.fagus-gropius.com

ゆかりの人物　●ワルター・グロピウス（1883～1969年）
　　　　　　●アドルフ・マイヤー（1881～1929年）

ドイツの暫定リスト記載物件

シンクタンクせとうち総合研究機構

世界遺産ガイド-ドイツ編-

ファグス製靴工場

交通アクセス　●ハノーバーから列車。

ドイツの暫定リスト記載物件

## ハンブルクのチリハウス

物件名　　　　The Chilehaus in Hamburg

種別　　　　　文化財

物件の概要　　ハンブルクのチリハウスは、エルベ川が流れるハンザ同盟都市の歴史を誇るハンブルクのハウプトバーンホフ中央駅の南約1kmの旧市街にあるユニークな建築物。ハンブルクのチリハウスは、南米チリ北部のアタカマ砂漠からのチリ硝石の輸入と製造で財を成したハンブルクの商人ヘンリー・ブラレンス・スローマンが当時44歳で気鋭の建築家であったヨハン・フリードリッヒ・ヘーガー（フリッツ・ヘーガー 1877～1949年）に設計を依頼し1920年代に完成した商館である。チリの家という名前はこれに由来している。ハンブルクのチリハウスは、北ドイツにおける煉瓦を多用した表現主義の顕著な事例で、船舶をイメージしてデザインされたうねった曲面の外壁、北海の空を想起させる重い色調、暗褐色で立体的な煉瓦建築が特徴である。

分類　　　　　建築遺産
年代区分　　　20世紀

物件所在地　　ハンブルク州ハンブルク（州都）

ハンブルクの見所
- 市庁舎
- 聖ミヒャエル教会
- オールド・ハンブルク
- アルスター湖遊覧
- ハンブルク港巡り
- ハンブルク市立美術館
- リックマー・リックマース号（港にあり博物館とレストランになっている）

ゆかりの人物
- ヘンリー・ブラレンス・スローマン
- ヨハン・フリードリッヒ・ヘーガー（フリッツ・ヘーガー 1877～1949年）

備考
- ハンブルクは、エリカ街道沿いの町としても知られている。

世界遺産ガイド-ドイツ編-

ハンブルクのチリハウス

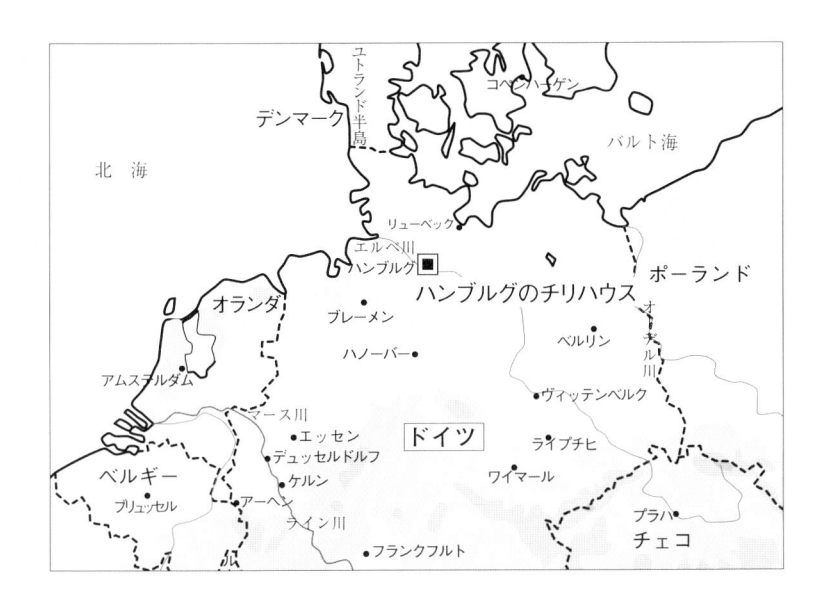

交通アクセス　●ハンブルク地下鉄：U1駅

ドイツの暫定リスト記載物件

シンクタンクせとうち総合研究機構

103

# ハレのフランケ財団

| | |
|---|---|
| 物件名 | The Franck-Foundations in Halle |
| 種別 | 文化財 |

物件の概要　ハレのフランケ財団は、ドイツ中部のザーレ川のそばにある1000年以上の歴史をもつ都市ハレにある。ハレは、人口28万人を擁するザクセン・アンハルト州最大の町である。ハレ（Halle）の語源は、ケルト語で塩の「採られるところ」を意味する「Hall」で、白い金と呼ばれた塩の産地として栄えた。ハレ大学（現在のマルティンルター大学ハレ・ヴィッテンベルク校）は、1694年にブランデンブルグ選帝侯の三代目のフリードリッヒによって創立された。最初の教授の敬虔主義者アウグスト・ヘルマン・フランケ（1663～1727年）は、1698年に貧乏な子供と孤児が教育を受けることが出来る様に、また、蔵書や博物標本のコレクションを管理する木骨造りの6階建ての建物のフランケ財団を設立し、啓蒙主義の牙城した。

| | |
|---|---|
| 分類 | モニュメント |
| 年代区分 | 17世紀～ |
| 物件所在地 | ザクセン・アンハルト州ハレ |
| 見所 | ●マルクト広場<br>●ヘンデルの家<br>●マルクト教会<br>●ギービヒエンシュタイン城<br>●レットタワー<br>●ヘンデル像 |
| 文化施設 | ●州立美術館<br>●先史学博物館<br>●製塩博物館<br>●ヘンデル博物館<br>●モーリッツブルク城美術館 |
| ゆかりの人物 | ●フリードリッヒ<br>●A.H.フランケ |
| 備考 | ハレは、バロック音楽の巨匠ヘンデルの生誕地である。 |

世界遺産ガイド－ドイツ編－

ハレのフランケ財団

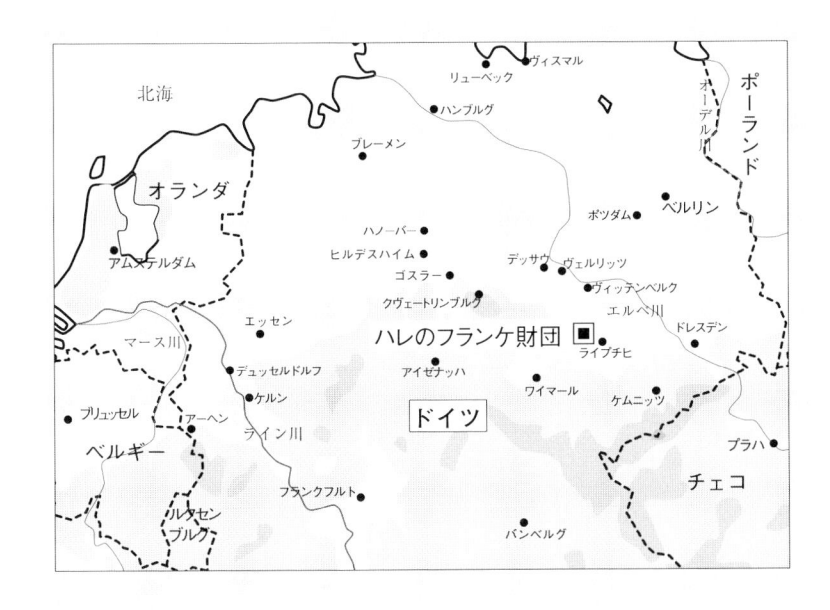

ドイツの暫定リスト記載物件

交通アクセス　●ベルリンから列車で約2時間。
　　　　　　　●ライプツィヒから列車で約30分。

シンクタンクせとうち総合研究機構

## ナウムブルク大聖堂

| | |
|---|---|
| 物件名 | The Naumburg Cathedral |
| 種別 | 文化財 |

物件の概要　ナウムブルク大聖堂は、ザクセン・アンハルト州のザーレ河岸にある中世の面影を残す町ナウムブルクにある。ナウムブルクは、ライプツィヒとワイマールの中間にある中部ドイツで、最も美しい町の一つである。ナウムブルク大聖堂は、13世紀前半に、ディートリッヒ・ヴェッテンの下で完成した。ナウムブルク大聖堂は、ナウムブルクの町のランドマークで、後期ロマネスク様式と初期ゴシック様式の重厚な雰囲気が漂う美しい大聖堂（ドーム）で、大聖堂の脇に並ぶ中世の12人の寄進者の等身大の像は、現実主義的な描写の初期の事例として興味深い。また、ナウムブルクの町の中心にある市庁舎前の中央広場であるマルクト・プラッツは、中部ドイツで、屈指の美しさを誇っている。

| | |
|---|---|
| 分類 | 宗教的建築物 |
| 年代区分 | 13世紀～ |
| 物件所在地 | ザクセン・アンハルト州ナウムブルク |
| 見所 | ●12人の寄進者の等身大の像<br>　ウタとエッケハルト夫妻の像<br>　レグリンディスとヘルマン夫妻の像<br>●マルクト広場（マルクト・プラッツ）<br>●市庁舎<br>●ヴェンツェル教会<br>●レジデンツ<br>●ニーチェの家<br>●マリエン塔 |
| 伝統行事 | チェリー・フェスティバル |
| 伝統芸能 | 人形劇 |
| ゆかりの人物 | ●ディートリッヒ・ヴェッテン |
| 備考 | ナウムブルクは、哲学者ニーチェが高校生活を過ごした所で、ニーチェの家には、彼の伝記や著書などが展示されている。 |

―世界遺産ガイドードイツ編―

ナウムブルク大聖堂

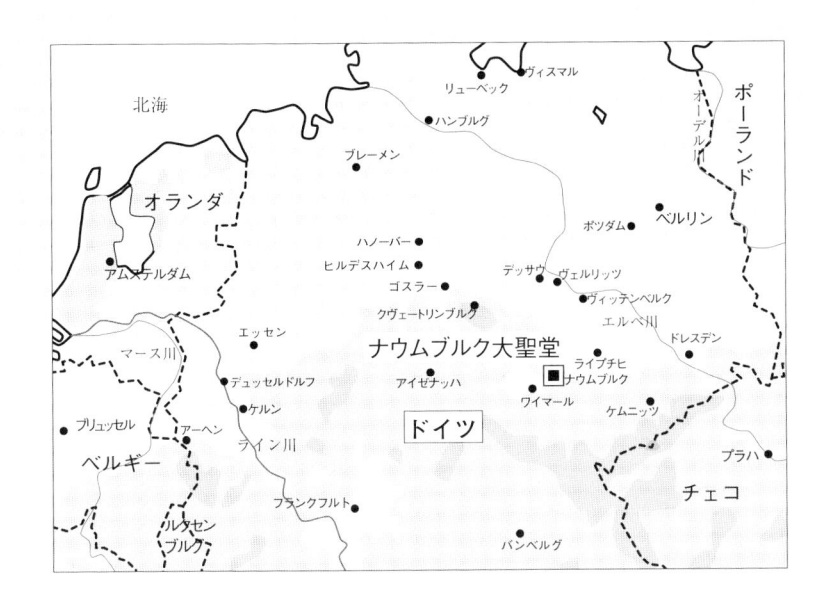

ドイツの暫定リスト記載物件

交通アクセス　●ベルリンから列車で約2時間30分。
　　　　　　　●ライプツィヒから列車で約30分。
　　　　　　　●大聖堂へは、ナウムブルク駅から徒歩で約20分。

シンクタンクせとうち総合研究機構　　　　　　　　　　　　　　　　107

## ドイツ北部とのローマ帝国の境界線（リーメス）

| | |
|---|---|
| 物件名 | Upper German-Raetian Limes（ORL） |
| 種別 | 文化財 |
| 物件の概要 | リーメスは、古代ローマ帝国の国境を表すラテン語で、ラインラント・プファルツ州、ヘッセン州、バーデン・ウュルテンブルク州、バイエルン州の4つの州にまたがるローマ帝国の北部の国境にあった長城遺跡。リーメスは、北西のライン河畔のバート・フニンゲンから南東のドナウ河畔（ラエティア州）のレーゲンスブルグまでの全長584キロにも及び、紀元1世紀末に、ローマ皇帝のドミチアヌス帝が築造を始めた。リーメスは、ヨーロッパの「万里の長城」に喩えられ、五賢帝のトラヤヌス帝とハドリアヌス帝の時代に、約1000の見張り台や200の防柵で強化され、アントニヌス・ピウス帝の時代に完成した。リーメスは、ローマ帝国がライン川の東部とドナウ川の北部を占領した紀元3世紀まで役割を果たしたが、その後アレマン族によって突破、破壊された。リーメスの全85都市を結んだ街道をリーメス街道という。<br>ORL＝Obergermanisch-Raetischer Limes |
| 分類 | 考古学遺跡 |
| 年代区分 | 紀元1世紀末～ |
| 物件所在地 | ラインラント・プファルツ州、ヘッセン州、バーデン・ウュルテンブルク州、バイエルン州 |
| 見所 | ●バート・フニンゲン　ドイツのリーメス・ロードの出発点<br>●ラインブロール　ドイツ北部リーメスの始まり<br>●アーレン　要塞、駐屯地跡<br>●ヴェアハイム　ヘッセの最も保存状態が良い要塞の一つ<br>●エヒツェル　ドイツ北部リーメスで最も大きい要塞の一つ<br>●ヤークストハウゼン　野外ミュージアム<br>●レーゲンスブルグ　ラエティア地方にある唯一の軍隊キャンプ |
| イベント | ローマ祭　2年毎　アーレン |
| 文化施設 | 社団ドイツ・リーメス街道（Verein Deutsche Limes-Strasse）<br>Marktplatz2, D-73430, Aalen　49(0)07361/52-2358 |
| ゆかりの人物 | ●ドミチアヌス帝<br>●トラヤヌス帝<br>●ハドリアヌス帝<br>●アントニヌス・ピウス帝 |
| 備考 | 2005年7月に南アフリカのダーバンで開催される第29回世界遺産委員会で、世界遺産リストへの登録の可否が決まる。 |

世界遺産ガイド－ドイツ編－

リーメスの見張り台

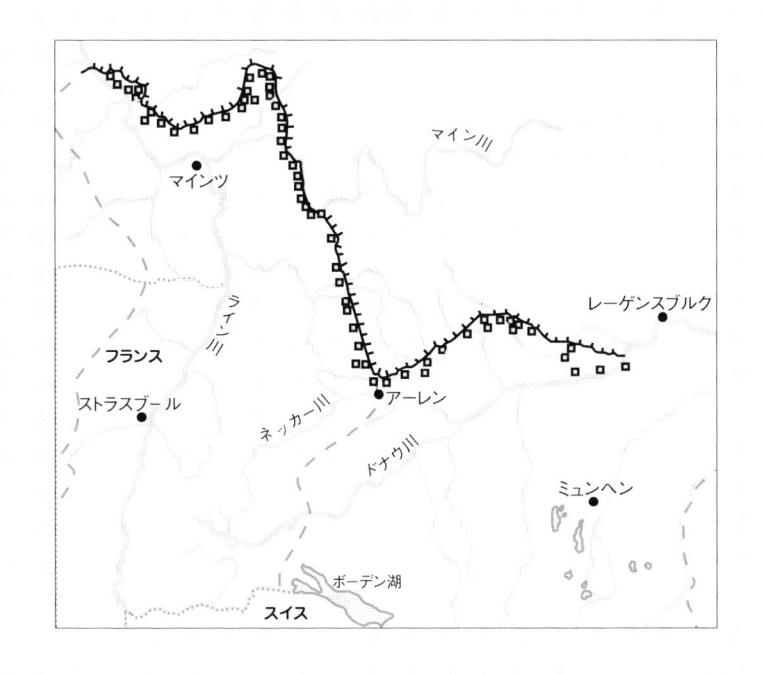

ドイツの暫定リスト記載物件

交通アクセス　●アーレンへは、ミュンヘンから車で約2時間半。

シンクタンクせとうち総合研究機構　　109

# 参　考

古城街道沿いの町　ハイデルベルク

世界遺産ガイドードイツ編ー

# ドイツの街道

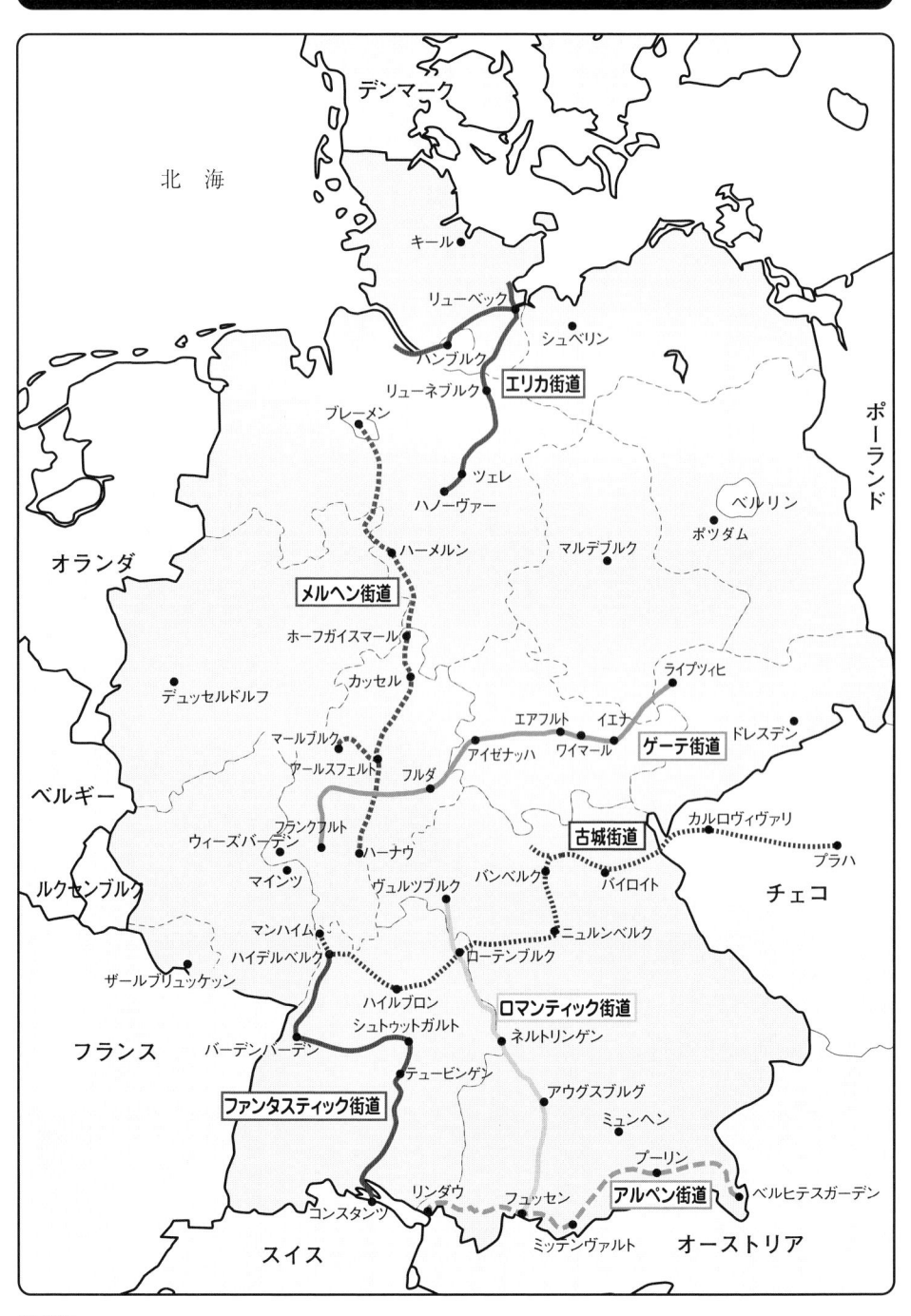

地図上の地名:
- デンマーク
- 北海
- キール
- リューベック
- ハンブルク
- シュベリン
- リューネブルク
- エリカ街道
- ブレーメン
- ツェレ
- ハノーヴァー
- ベルリン
- ポツダム
- マルデブルク
- ポーランド
- ハーメルン
- メルヘン街道
- オランダ
- ホーフガイスマール
- デュッセルドルフ
- カッセル
- ライプツィヒ
- マールブルク
- エアフルト
- イエナ
- アールスフェルト
- アイゼナッハ
- ワイマール
- ゲーテ街道
- ドレスデン
- フルダ
- ベルギー
- フランクフルト
- 古城街道
- カルロヴィヴァリ
- ウィーズバーデン
- ハーナウ
- バンベルク
- バイロイト
- プラハ
- マインツ
- ヴュルツブルク
- ニュルンベルク
- チェコ
- ルクセンブルク
- マンハイム
- ハイデルベルク
- ローテンブルク
- ザールブリュッケン
- ハイルブロン
- シュトゥットガルト
- ロマンティック街道
- フランス
- バーデンバーデン
- ネルトリンゲン
- テュービンゲン
- アウグスブルク
- ファンタスティック街道
- ミュンヘン
- プーリン
- ベルヒテスガーデン
- リンダウ
- フュッセン
- アルペン街道
- コンスタンツ
- ミッテンヴァルト
- スイス
- オーストリア

112

シンクタンクせとうち総合研究機構

## ロマンティック街道
ドイツ観光の中で一番人気のルートで、ドイツ南部バイエルン州の西部を南北約350kmにわたって続く。古都ヴュルツブルクからローテンブルク、アウクスブルク、フュッセンに至る街道は、中世の町並みが印象的な古都や、のどかな田園風景が広がる。ロマンティックの名は、この街道がローマへ続く道であったことから名付けられた。とも言われている。
- ヴュルツブルク　世界遺産のレジデンツ宮殿などが美しい大学町。フランケンワインでも有名。
- ローテンブルク　「中世の宝石」と謳われるロマンティック街道のハイライト。おとぎの国のような町。
- ネルトリンゲン　1500万年前に落ちた隕石のくぼみにできた円形の旧市街。
- アウクスブルク　ロマンティック街道最大の都市。2000年の歴史ある町。
- フュッセン　街道南端の町。郊外には、世界遺産のヴィース巡礼教会や、名城ノイシュヴァンシュタイン城がある。

## ファンタスティック街道
ドイツ南西部バーデン・ヴュッテンベルク州を縦断する約400kmの街道。ハイデルベルクから温泉保養地バーデン・バーデン、シュトゥットガルト、テュービンゲン、黒い森を抜けてボーデン湖のマイナウ島まで変化にあふれるルート。
- バーデン・バーデン　ローマ時代から続く高級温泉保養地。カラカラ浴場、フリードリッヒ浴場など。
- シュトゥットガルト　バーデン・ヴュルテンベルク州の州都。産業の町として知られ、ダイムラー・クライスラーとポルシェの本拠地。クリスマス市は世界最大規模。
- テュービンゲン　ネッカー川沿いに開けた大学町。ヘッセなどもここで青春を過ごした。
- ホーエンツォレルン城　ドイツ皇帝プロイセンでの出身城。ノイシュヴァンシュタイン城と並ぶ名城。
- コンスタンツ　ボーデン湖畔最大の町。スイスとの国境にある水辺のリゾート地。

## メルヘン街道
グリム兄弟の生まれたヘッセン州ハーナウから音楽隊で有名なブレーメンまでの約600kmのルート。赤ずきんちゃんの故郷アールスフェルトや、ハーメルン、いばら姫の城で有名なザバブルク城など、グリム童話の舞台を旅する街道。
- ハーナウ　グリム兄弟の生誕地。金銀宝石の加工の町としても有名。ゴルトシュミーデハウスは必見。
- アールスフェルト　赤ずきんちゃんの故郷。シュヴァルム地方の木組みの市庁舎などが美しい。
- カッセル　グリム兄弟が最も長く暮らした町。グリム兄弟博物館、ヴェルヘルムスヘーエ庭園は必見。
- ザバブルク城　ホーフガイスマール郊外にある「いばら姫」の舞台となった城。
- トレンデルブルク城　ホーフガイスマール郊外にある「ラプンツェル」の舞台となった城。
- ハーメルン　「ハーメルンのネズミ捕り笛吹き男」の伝説で有名。5～9月には野外劇が開催される。
- ブレーメン　「ブレーメンの音楽隊」が目指した町。マルクト広場の市庁舎とローランド像は世界遺産。

## 古城街道
宮殿の町マンハイムからハイデルベルク、ネッカー渓谷、ニュルンベルク、バンベルク、ワーグナーの町バイロイトなど街道沿いに趣の異なった古城が点在する。古城街道は、隣国チェコのカルロヴィヴァリを経てプラハまで続く。
- マンハイム　ドイツ最大のバロック様式の選帝候宮殿。計画的に造られた町並みが美しい。
- ハイデルベルク　ドイツ最古の大学町。山の中腹にハイデルベルク城がたたずむ。
- ニュルンベルク　カイザーブルク城からの眺めは抜群。おもちゃの見本市、クリスマス市としても有名。
- バンベルク　旧市街が世界遺産の1000余年の歴史を誇る「小ヴェネツィア」といわれる水の都。
- バイロイト　毎年7月～8月に開催されるワーグナーの「バイロイト音楽祭」で有名な町。

## アルペン街道
ドイツの南端オーストリアとの国境沿いのアルプス山脈を横断する約500kmのルート。東はベルヒテスガーデンから、バイオリン造りのふるさとミッテンヴァルト、リンダーホーフ城などを経て、ボーデン湖のリンダウまで通じる風光明媚な山岳リゾート地。
- ベルヒテスガーデン　ドイツ初の自然保護区。ケーニヒス湖では、聖バルトロメー僧院に到着する途中で、トランペットの演奏がある。
- プリーン　キームゼー湖畔の町。湖の中の島にルードリッヒ2世が建てたヘレンキームゼー城がある。
- ミッテンヴァルト　オーストリアとの国境にあり、ゲーテが「生きた絵本」と絶賛した町。
- オーバーアマガウ　外壁に美しいフレスコ画の描かれた民家が並ぶ小さな村。

## ゲーテ街道
ゲーテの生誕地フランクフルトから、テューリンゲンの森を経てゲーテ、ニーチェや森鴎外までが学んだライプツィヒに至るドイツ中部を東西に結ぶ約380kmの街道。ゲーテの他に、バッハ、シラー、ルターなども活躍し、ドイツの精神文化に触れる地方。
- フランクフルト　ゲーテの生誕地。ドイツの商業、金融の中心地。ゲーテハウス、ゲーテ博物館がある。
- フルダ　ドイツ有数のバロック建築の都。ゲーテの定宿「ゴールデナー・カルプフェン」は現在も営業。
- アイゼナッハ　バッハの生誕地。ヴァルトブルク城は世界遺産に登録されている。
- ワイマール　「ドイツ古典主義」とバウハウスは世界遺産に登録されている。ゲーテハウス、シラーハウス、バウハウス博物館、ワイマール憲法採択された国民劇場など見所が多い。
- イエナ　ゲーテ、シラーによりドイツ古典主義と初期ロマン派が築かれた町。レンズで有名なカール・ツァイス社の本拠地。
- ライプツィヒ　1409年に大学が創られ、ゲーテやニーチェ、森鴎外も学んだ。音楽の町としても有名。

## エリカ街道
北ドイツのハノーバーからハンブルク、リューベックに至る街道。夏には、赤紫のエリカの花が咲き乱れることからエリカ街道と名付けられた。
- ハノーバー　見本市の町として有名な国際都市。バロック庭園ヘレンハウゼン王宮庭園も見応えあり。
- ツェレ　北ドイツの真珠と呼ばれる美しい木組みの町がカラフルな町。
- リューネブルク　1000年の昔から塩の産地として栄えた町。リューベックへの塩の道の出発点。
- リューベック　ハンザ同盟の都市として栄えた町。世界遺産に登録されている。
- ハンブルク　ドイツ屈指の港町。市庁舎の112mの尖塔は、町のシンボル。

世界遺産ガイド－ドイツ編－

参考

## 2006年サッカー ワールドカップ ドイツ大会開催地

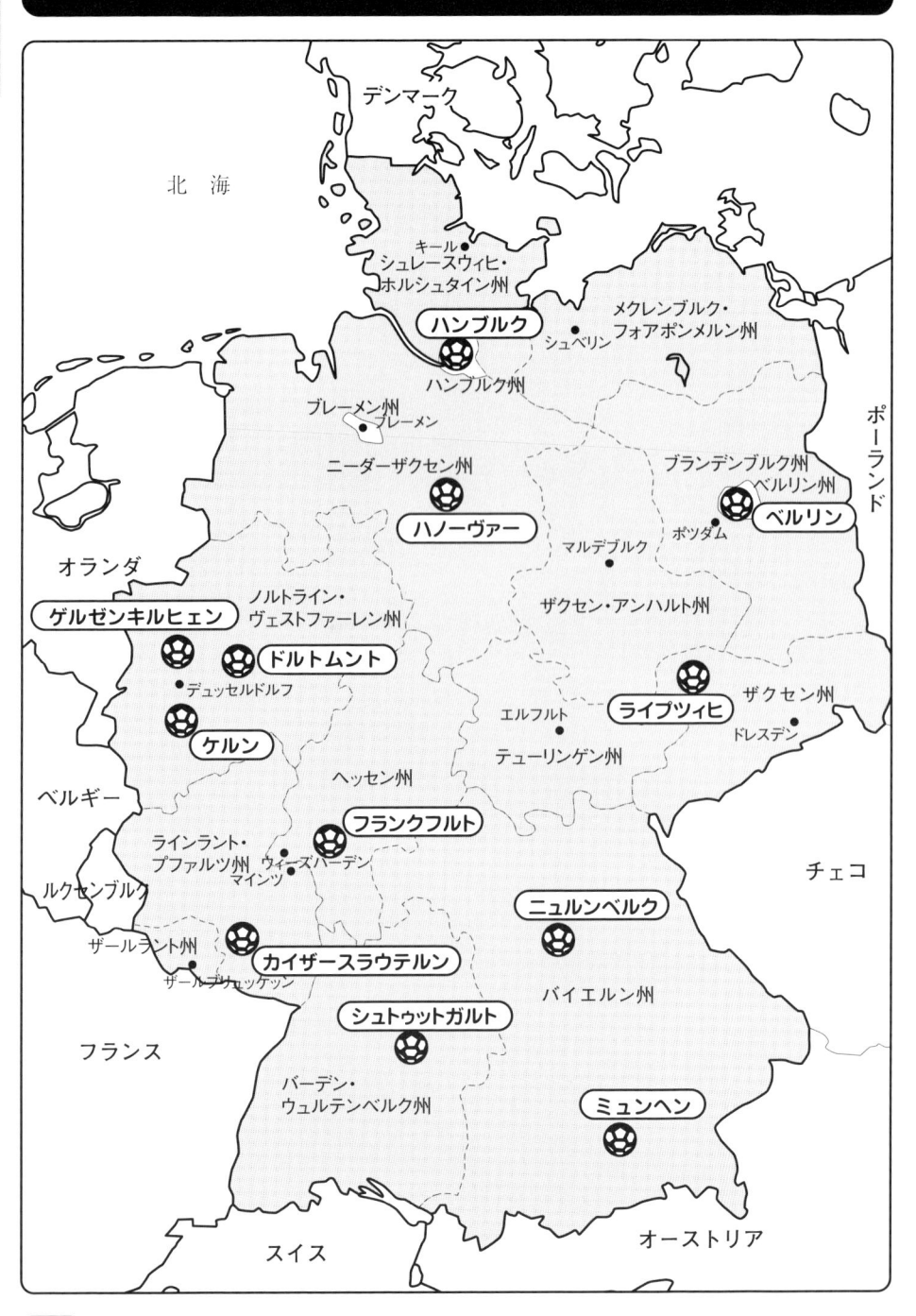

- デンマーク
- 北海
- キール
- シュレースウィヒ・ホルシュタイン州
- ハンブルク
- ハンブルク州
- シュベリン
- メクレンブルク・フォアポンメルン州
- ブレーメン州
- ブレーメン
- ニーダーザクセン州
- ハノーヴァー
- ブランデンブルク州
- ベルリン州
- ポツダム
- ベルリン
- ポーランド
- オランダ
- ゲルゼンキルヒェン
- ノルトライン・ヴェストファーレン州
- ドルトムント
- デュッセルドルフ
- ケルン
- マグデブルク
- ザクセン・アンハルト州
- エルフルト
- ライプツィヒ
- ザクセン州
- ドレスデン
- ベルギー
- ヘッセン州
- テューリンゲン州
- ラインラント・プファルツ州
- ヴィースバーデン
- マインツ
- フランクフルト
- チェコ
- ルクセンブルク
- ザールラント州
- ザールブリュッケン
- カイザースラウテルン
- ニュルンベルク
- バイエルン州
- シュトゥットガルト
- バーデン・ヴュルテンベルク州
- フランス
- ミュンヘン
- スイス
- オーストリア

114

シンクタンクせとうち総合研究機構

## ドイツの祭り・イベント

| イベント名 | 開催時期 | 開催地 |
|---|---|---|
| 三王来朝の行列 | 1月6日 | ドイツ各地 |
| ベルリン国際映画祭 | 2月 | ベルリン |
| カーニバル・パレード | 2月 | ケルン・デュッセルドルフ・マインツなど |
| バッハ・フェスティバル | 4月〜5月 | ライプツィヒ |
| ヴァルプルギスの夜 | 4月30日の夜 | ゴスラー、ハーネンクーレ、ターレなど |
| ドレスデン音楽祭 | 5月 | ドレスデン |
| ねずみ取り笛吹き男の野外劇 | 5月〜9月 | ハーメルン |
| マイスタートゥルンク歴史祭 | 5月 | ローテンブルク |
| モーツァルト音楽祭 | 6月 | ヴュルツブルク |
| カルテンベルク城中世騎士祭 | 7月 | ミュンヘン近郊カルテンベルク城 |
| キンダーツェッヒェ歴史的子供祭 | 7月 | ディンケルスビュール |
| ミュンヘン・オペラ音楽祭 | 7月 | ミュンヘン |
| バイロイト音楽祭 | 7月〜8月 | バイロイト |
| 旧市街祭り | 9月 | ニュルンブルク |
| ベルリン・マラソン | 9月 | ベルリン |
| オクトーバーフェスト | 9月〜10月 | ミュンヘン |
| カンシュタット民族祭 | 9月〜10月 | シュトゥットガルト |
| たまねぎ祭り | 10月 | ワイマール |
| ハンブルガードーム | 春夏秋の年3回 | ハンブルク |
| クリスマス市 | 11月末〜12月 | ドイツ各都市 |

| 2006年サッカーワールドカップ ドイツ大会 スケジュール | | |
|---|---|---|
| 組み合わせ抽選(32チーム) | 2005年12月 | ライプツィヒ |
| オープニング戦 | 2006年6月9日 | ミュンヘン |
| 一次リーグ | 6月9日〜6月23日 | 国内12会場 |
| 決勝トーナメント | 6月24日〜 | 国内12会場 |
| 準決勝 | 7月4日、7月5日 | ドルトムント、ミュンヘン |
| 3位決定戦 | 7月8日 | シュトゥットガルト |
| 決勝戦 | 7月9日 | ベルリン |

# ドイツと日本との国際交流

ブランデンブルク門（ベルリン）

| 【提携自治体名 州】州・市町名 | 都道府県名 | 自治体名称 |
|---|---|---|
| 【ベルリン州】 | | |
| ベルリン市 | 東京都 | 東京都 |
| ベルリン市ミッテ区 | 東京都 | 新宿区 |
| ベルリン市ミッテ区 | 大阪府 | 東大阪市 |
| ベルリン市ミッテ区 | 島根県 | 津和野町 |
| | | |
| 【ブランデンブルグ州】 | | |
| ブランデンブルグ州 | 埼玉県 | 埼玉県 |
| ノイルッピン | 埼玉県 | 新座市 |
| | | |
| 【バーデン・ヴュルテンベルク州】 | | |
| バーデン・ヴュルテンベルク州 | 神奈川県 | 神奈川県 |
| テトナング | 秋田県 | 大仙市 |
| ドナウエッシンゲン | 山形県 | 上山市 |
| バート・ゼッキンゲン | 山形県 | 長井市 |
| ビーティッヒハイム・ビッシンゲン | 群馬県 | 草津町 |
| メスキルヒ | 石川県 | かほく市 |
| バート・メルゲントハイム | 山梨県 | 笛吹市 |
| ユーリンゲン・ビルゲンドルフ | 山口県 | 萩市 |
| フライブルク | 愛媛県 | 松山市 |
| ハイデルベルク | 熊本県 | 熊本市 |
| バートナウハイム | 大分県 | 直入町 |
| バードクロチンゲン | 大分県 | 直入町 |
| | | |
| 【バイエルン州】 | | |
| ミュンヘン | 北海道 | 札幌市 |
| バッサーブルク | 北海道 | 別海町 |
| パッサウ | 秋田県 | 秋田市 |
| マインブルク | 茨城県 | 守谷市 |
| ヴォルフラーツハウゼン | 埼玉県 | 入間市 |
| フュッセン | 群馬県 | 沼田市 |
| バンベルク | 新潟県 | 長岡市 |
| ゼルプ | 岐阜県 | 瑞浪市 |
| ヴュルツブルグ | 滋賀県 | 大津市 |
| アウグスブルク | 滋賀県 | 長浜市 |
| アウグスブルク | 兵庫県 | 尼崎市 |
| ローテンブルク | 愛媛県 | 内子町 |
| | | |
| 【ハンブルク州】 | | |
| ハンブルク | 大阪府 | 大阪市 |

## 【ヘッセン州】

| | | |
|---|---|---|
| ディーツヘルツタール市シュタインブリュッケン | 栃木県 | 石橋町 |
| オッフェンバッハ | 埼玉県 | 川越市 |
| バッド・ゾーデン・アム・タウヌス市 | 岐阜県 | 養老町 |
| ハーナウ | 鳥取県 | 鳥取市 |

## 【メクレンブルク・フォアポンメルン州】

| | | |
|---|---|---|
| ヴァーレン | 青森県 | 六ヶ所村 |
| ルプツ | 大分県 | 日田市 |

## 【ニーダーザクセン州】

| | | |
|---|---|---|
| ハノーバー | 広島県 | 広島市 |
| リューネブルク | 徳島県 | 鳴門市 |

## 【ノルトライン・ヴェストファーレン州】

| | | |
|---|---|---|
| ケルン | 京都府 | 京都市 |

## 【ラインラント・プファルツ州】

| | | |
|---|---|---|
| カイザースラウテルン | 東京都 | 文京区 |
| ボッパルト | 東京都 | 青梅市 |
| トリアー | 新潟県 | 長岡市 |
| ザンクト・ゴアルスハウゼン | 愛知県 | 犬山市 |
| ヴァルハウゼン | 岡山県 | 赤磐市 |

## 【ザクセン州】

| | | |
|---|---|---|
| マイセン | 佐賀県 | 有田町 |

## 【シュレースヴィッヒホルスタイン州】

| | | |
|---|---|---|
| リューベック | 神奈川県 | 川崎市 |

## 【テューリンゲン州】

| | | |
|---|---|---|
| ライネフェルデ | 岩手県 | 金ヶ崎町 |

### 日本におけるドイツ年 2005/2006

2005/2006年は、「日本におけるドイツ年」。ドイツ年開催の趣旨は、ドイツの現代の生活や多様性といった切り口から、古き良きドイツのイメージの向上、欧州有数の科学技術立国としてのドイツ、日本の経済パートナーとして大きな潜在力を持つ経済大国ドイツ、ライフスタイル、デザイン、ファッション、消費財等の分野におけるドイツの魅力、旅行先や留学先、仕事や生活上の拠点としてのドイツのメリット等などの情報発信が行われる。ドイツ連邦政府、ドイツの各州、文化学術関係機関、民間企業、各地日独協会、姉妹友好提携自治体、そして個人による多くの取り組みなど300件以上の行事が全国各地で開催されます。

# 索 引

ベルリンのムゼウムスインゼル（美術館島）　（旧国立美術館）

## 物件別（和名）

- ●アイスレーベンおよびヴィッテンベルクにあるルター記念碑 ･･････ 60
- ●アーヘン大聖堂 ･････････････････････････････････････････ 24
- ●ヴァルトブルク城 ･･･････････････････････････････････････ 66
- ●ヴィースの巡礼教会 ･････････････････････････････････････ 30
- ●ヴュルツブルクの司教館、庭園と広場 ･････････････････････ 28
- ●エッセンの関税同盟炭坑の産業遺産 ･･･････････････････････ 72
- ■カール・ベンシャイトのファグス製靴工場 ･････････････････100
- ●クヴェートリンブルクの教会と城郭と旧市街 ･･･････････････ 50
- ●クラシカル・ワイマール ･････････････････････････････････ 62
- ●ケルン大聖堂 ･･･････････････････････････････････････････ 56
- ■鉱石山脈：鉱山と文化的景観 ･････････････････････････････ 96
- ■シュヴェツィンゲンの城と庭園 ･･･････････････････････････ 98
- ●シュトラールズントとヴィスマルの歴史地区 ･･･････････････ 76
- ●シュパイアー大聖堂 ･････････････････････････････････････ 26
- ●デッサウ-ヴェルリッツの庭園王国 ･･･････････････････････ 68
- ■ドイツ北部とのローマ帝国の境界線（リーメス） ･･･････････108
- ●トリーアのローマ遺跡、聖ペテロ大聖堂、聖母教会 ･････････ 36
- ●ドレスデンのエルベ渓谷 ･････････････････････････････････ 78
- ■ナウムブルク大聖堂 ･･･････････････････････････････････････106
- ■ハイデルベルクの城郭と旧市街 ･･･････････････････････････ 88
- ■バイロイト辺境伯の歌劇場 ･･･････････････････････････････ 94
- ■ハレのフランケ財団 ･････････････････････････････････････104
- ●ハンザ同盟の都市リューベック ･･･････････････････････････ 38
- ■ハンブルクのチリハウス ･････････････････････････････････102
- ●バンベルクの町 ･････････････････････････････････････････ 46
- ●ヒルデスハイムの聖マリア大聖堂と聖ミヒャエル教会 ･･･････ 34
- ●フェルクリンゲン製鉄所 ･････････････････････････････････ 52
- ●ブリュールのアウグストスブルク城とファルケンルスト城 ･･･ 32
- ●ブレーメンのマルクト広場にある市庁舎とローランド像 ･････ 80
- ●ベルリンのムゼウムスインゼル（美術館島） ･･･････････････ 64
- ●ポツダムとベルリンの公園と宮殿 ･････････････････････････ 40
- ●マウルブロンの修道院群 ･････････････････････････････････ 48
- ●ムスカウ公園／ムザコフスキー公園 ･･･････････････････････ 82
- ○メッセル・ピット化石発掘地 ･････････････････････････････ 54
- ●ライヒェナウ修道院島 ･･･････････････････････････････････ 70
- ●ライン川上中流域の渓谷 ･････････････････････････････････ 74
- ●ランメルスベルク旧鉱山と古都ゴスラー ･･･････････････････ 44
- ■レーゲンスブルク旧市街 ･････････････････････････････････ 92
- ●ロルシュの修道院とアルテンミュンスター ･････････････････ 42
- ●ワイマールおよびデッサウにあるバウハウスおよび関連遺産群 ･･･ 58
- ■ワッデン海域 ･･･････････････････････････････････････････ 90

○自然遺産　●文化遺産　■暫定リスト記載物件

# 物 件 別（英名）

- Aachen Cathedral ················································································· 24
- Abbey and Altenmunster of Lorsch ···················································· 42
- ■Altstadt Regensburg ············································································ 92
- Bauhaus and its Sites in Weimar and Dessau ··································· 58
- Castles of Augustusburg and Falkenlust at Bruhl ···························· 32
- Classical Weimar···················································································· 62
- Collegiate Church, Castle and Old Town of Quedlinburg ················ 50
- Cologne Cathedral ················································································· 56
- Dresden Elbe Valley ············································································· 78
- Garden Kingdom of Dessau-Worlitz···················································· 68
- Hanseatic City of Lubeck ····································································· 38
- ■Heidelberg, Castle and Old Town ······················································ 88
- Historic Centres of Stralsund and Wismar ········································ 76
- Luther Memorials in Eisleben and Wittenberg ································· 60
- ■Markgrafliches Opernhaus Bayreuth ················································· 94
- Maulbronn Monastery Complex ·························································· 48
- ○Messel Pit Fossil Site ··········································································· 54
- Monastic Island of Reichenau ····························································· 70
- Mines of Rammelsberg and Historic Town of Goslar······················· 44
- Museumsinsel（Museum Island）, Berlin ·········································· 64
- Muskauer Park/Park Muzakowski ······················································ 82
- ■Ore Mountains: mining and cultural landscape ······························· 96
- Palaces and Parks of Potsdam and Berlin ········································· 40
- Pilgrimage Church of Wies ·································································· 30
- Roman Monuments, Cathedral of St. Peter and Church of Our Lady in Trier ············· 36
- ■Schwetzingen, castle and castle gardens ·········································· 98
- ■Shoe last factory Carl Benscheidt, Fagus-Werk ·····························100
- Speyer Cathedral ··················································································· 26
- St. Mary's Cathedral and St. Michael's Church at Hildesheim ················ 34
- ■The Chilehaus in Hamburg ·······························································102
- ■The Franck Foundations in Halle ····················································104
- ■The Naumburg Cathedral ·································································106
- The Town Hall and Roland on the Marketplace of Bremen ··········· 80
- The Zollverein Coal Mine Industrial Complex in Essen··················· 72
- Town of Bamberg ·················································································· 46
- ■Upper German-Raetian Limes（ORL）·············································108
- Upper Middle Rhine Valley ································································· 74
- Voelklingen Ironworks ········································································· 52
- ■Wadden Sea Area ················································································· 90
- Wartburg Castle ···················································································· 66
- Wurzburg Residence with the Court Gardens and Residence Square ·········· 28

○ Natural Heritage　● Cultural Heritage　■Tentative List

〈監修者プロフィール〉

*FURUTA Haruhisa*
古 田 陽 久　世界遺産総合研究所 所長

1951年広島県呉市生まれ。1974年慶応義塾大学経済学部卒業。同年、日商岩井入社、海外総括部、情報新事業本部、総合プロジェクト室などを経て、1990年にシンクタンクせとうち総合研究機構を設立。1998年9月に世界遺産研究センター（現　世界遺産総合研究所）を設置（所長兼務）。

専門研究分野　世界遺産論、危機遺産論、世界遺産研究、人類の口承及び無形遺産の傑作研究、メモリー・オブ・ザ・ワールド研究、文化人類学、人間と生物圏計画（MAB）研究、環境教育、国際理解教育、国際交流、ユネスコ等国際機関の研究、日本語教育の研究

講義科目　世界遺産概論、世界遺産演習、世界遺産特講、危機遺産研究、国立公園と世界遺産研究、産業遺産研究、日本文化論

講演　札幌市厚別区民センター、山形県庄内地方町村会、奈良県南和広域連合、福岡県宗像市教育委員会など実績多数。

講座・セミナー　「世界遺産講座」（東京都練馬区立練馬公民館ほか）、「国際理解講座」（京都府長岡京市立中央公民館ほか）、「区民大学教養講座」（東京都品川区教育委員会主催ほか）ほか

研修会　「出羽三山・世界遺産プロジェクトへの提言－出羽三山と周辺地域の文化的景観－」（山形県庄内地方町村長・議会議長合同懇談会）、「沖ノ島及びその周辺における世界遺産登録への取り組みについて－沖ノ島・世界遺産プロジェクト推進に向けての指針－」（福岡県宗像市教育委員会）

シンポジウム　「世界遺産シンポジウム　大峯奥駈道（大峯道）・熊野古道（小辺路）の世界遺産登録に向けて」（奈良県南和広域連合）記念講演　「世界遺産の意義と地域振興」、「摩周湖シンポジウム」（摩周湖世界遺産登録実行委員会）基調講演「北の世界遺産・摩周湖への道～北海道から世界へ～」、SAKYU座談会「世界遺産に挑戦」（鳥取青年会議所第2政策委員会）講演「世界遺産とまちづくり」

大学からの招聘　国立西南師範大学（中国重慶市）　2003年9月／2004年6月　客員教授
　　　　　　　　国立芸術アカデミー（ウズベキスタン・タシケント市）　2002年5月　国際会議
　　　　　　　　広島女学院大学（広島市）　2004年11月　生活文化学会秋季講演会

国際会議　The 28th session of the World Heritage Committee Suzhou, June28 - July7, 2004, participated as observer
　　　　　 The 27th session of the World Heritage Committee UNESCO Headquarters, Paris, June30 - July5, 2003, participated as observer

学会　「北東アジア地域の世界遺産を通じた観光交流を考える」（環日本海アカデミック・フォーラム全体交流会議「北東アジア・アカデミック・フォーラム　2004 in 京都」　観光交流の今後の展望 分科会報告　2004年3月）

テレビ　Uzbekistan Television（May、2002）

ラジオ出演　中部日本放送（CBC）「小堀勝啓の心にブギブギ　心にレレレ」（2003年10月7日放送）、
　　　　　　NHK「あさいちばんニュースアップ」（2005年6月14日放送）

論文　「An Appeal for the Study of the World Heritage」「世界遺産学のすゝめ」（THE EAST　ほか）、「世界遺産と鉄道遺産」（土木学会誌　Vol.88,February 2003）など論稿、連載多数。

編著書　「世界遺産学のすすめ－世界遺産が地域を拓く－」、「世界遺産入門」、「世界遺産学入門」、「誇れる郷土ガイド」、「世界遺産データ・ブック」、「世界遺産ガイド」、「世界遺産事典」、「世界遺産マップス」、「世界遺産Q&A」ほか多数。

日文原著監修　「世界遺産Q&A　世界遺産の基礎知識」中国語版　（文化台湾発展協会・行政院文化建設委員会）

調査研究　「A Country Study on World Heritage Education in Japan」、「世界遺産登録の意義と地域振興」、「世界遺産化可能性調査」、「世界遺産プロジェクト推進への指針」ほか

執筆　現代用語の基礎知識2003年版（自由国民社）　話題欄「ユネスコ危機遺産」執筆

エッセイ　「世界遺産とは何か－理念・歴史と日本の関わり－」（財団法人日本交通公社　観光文化　第164号　2003年11月発行）、「第27回世界遺産委員会パリ会議に出席して」（近畿日本ツーリストクラブツーリズム　世界遺産倶楽部第5号　2003年8月発行）、ウズベキスタン「ボイスン地方の文化空間」を訪ねて（ユネスコ・アジア文化センター　ユネスコ・アジア文化ニュース　アジア太平洋文化への招待　2002.10.15/11.15合併号）、「北海道から世界遺産を～求められる恒久的保護策～」（北海道新聞　2002年8月17日夕刊）ほか。　その他　「地球の歩き方　見て 読んで 旅する世界遺産」（ダイヤモンド・ビッグ社　2002年8月）、「いい旅見つけた」（リクルート 2004年9月号　探訪 日本の世界遺産）

# 世界遺産ガイド　－ドイツ編－

2005年（平成17年）6月25日 初版 第1刷

監　　　修　　古 田 陽 久　　古 田 真 美
企画・編集　　世界遺産総合研究所
発　　　行　　シンクタンクせとうち総合研究機構 ©
　　　　　　　〒731-5113
　　　　　　　広島市佐伯区美鈴が丘緑三丁目4番3号
　　　　　　　☎&FAX　082-926-2306
　　　　　　　郵 便 振 替　01340-0-30375
　　　　　　　電子メール　　sri@orange.ocn.ne.jp
　　　　　　　インターネット　http://www.dango.ne.jp/sri/
　　　　　　　出版社コード　86200
印刷・製本　　図書印刷株式会社

©本書の内容を複写、複製、引用、転載される場合には、必ず、事前にご連絡下さい。

Complied and Printed in Japan, 2005　ISBN4-86200-101-7 C1526 Y2000E

# 発行図書のご案内

## 世界遺産シリーズ

**世界遺産データ・ブック** －2005年版－
世界遺産総合研究所編　ISBN4-916208-92-7　定価2100円　2004年7月

**世界遺産事典** －788全物件プロフィール－　2005改訂版
世界遺産総合研究所編　ISBN4-916208-96-X　定価2310円　2005年2月

**世界遺産キーワード事典** ★(社)日本図書館協会選定図書
世界遺産総合研究所編　ISBN4-916208-68-4　定価2100円　2003年3月

**世界遺産フォトス** －写真で見るユネスコの世界遺産－　★(社)日本図書館協会選定図書　☆全国学校図書館協議会選定図書
世界遺産研究センター編　ISBN4-916208-22-6　定価2000円　1999年8月

**世界遺産フォトス** －第2集　多様な世界遺産－
世界遺産総合研究センター編　ISBN4-916208-50-1　定価2100円　2002年1月

**世界遺産入門** －過去から未来へのメッセージ－
古田真美 著　ISBN4-916208-67-6　定価2100円　2003年2月

**世界遺産学入門** －もっと知りたい世界遺産－　★(社)日本図書館協会選定図書
古田陽久　古田真美　共著　ISBN4-916208-52-8　定価2100円　2002年2月

**世界遺産学のすすめ** －世界遺産が地域を拓く－　【新刊】
古田陽久 著　ISBN4-86200-100-9　定価2100円　2005年4月

**世界遺産マップス** －地図で見るユネスコの世界遺産－　2005改訂版
世界遺産総合研究所編　ISBN4-916208-97-8　定価2100円　2004年9月

**世界遺産ガイド** －世界遺産の基礎知識編－2004改訂版
世界遺産総合研究所編　ISBN4-916208-88-9　定価2100円　2004年10月

**世界遺産ガイド** －特集 第28回世界遺産委員会蘇州会議－　★(社)日本図書館協会選定図書
世界遺産総合研究所編　ISBN4-916208-95-1　定価2100円　2004年8月

**世界遺産ガイド** －世界遺産条約編－　★(社)日本図書館協会選定図書　☆全国学校図書館協議会選定図書
世界遺産研究センター編　ISBN4-916208-34-X　定価2100円　2000年7月

**世界遺産ガイド** －図表で見るユネスコの世界遺産－
世界遺産総合研究所編　ISBN4-916208-89-7　定価2100円　2004年12月

**世界遺産ガイド** －情報所在源編－　★(社)日本図書館協会選定図書
世界遺産総合研究所編　ISBN4-916208-84-6　定価2100円　2004年1月

**世界遺産ガイド** －文化遺産編－Ⅰ遺跡　★(社)日本図書館協会選定図書　☆全国学校図書館協議会選定図書
世界遺産研究センター編　ISBN4-916208-32-3　定価2100円　2000年8月

**世界遺産ガイド** －文化遺産編－Ⅱ建造物　★(社)日本図書館協会選定図書　☆全国学校図書館協議会選定図書
世界遺産研究センター編　ISBN4-916208-33-1　定価2100円　2000年9月

**世界遺産ガイド** －文化遺産編－Ⅲモニュメント　★(社)日本図書館協会選定図書　☆全国学校図書館協議会選定図書
世界遺産研究センター編　ISBN4-916208-35-8　定価2100円　2000年10月

# 世界遺産シリーズ

| 世界遺産シリーズ | | | | |
|---|---|---|---|---|
| **世界遺産ガイド** ★(社)日本図書館協会選定図書　☆全国学校図書館協議会選定図書 | －文化遺産編－Ⅳ文化的景観 | | | |
| 世界遺産総合研究センター編 | ISBN4-916208-53-6 | 定価2100円 | 2002年1月 | |
| **世界遺産ガイド** ★(社)日本図書館協会選定図書 | －自然遺産編－ | | | |
| 世界遺産研究センター編 | ISBN4-916208-20-X | 定価2000円 | 1999年1月 | |
| **世界遺産ガイド** ★(社)日本図書館協会選定図書 | －自然保護区編－ | | | |
| 世界遺産総合研究所編 | ISBN4-916208-73-0 | 定価2100円 | 2003年6月 | |
| **世界遺産ガイド** | －生物多様性編－ | | | |
| 世界遺産総合研究所編 | ISBN4-916208-83-8 | 定価2100円 | 2004年1月 | |
| **世界遺産ガイド** | －自然景観編－ | | | |
| 世界遺産総合研究所編 | ISBN4-916208-86-2 | 定価2100円 | 2004年3月 | |
| **世界遺産ガイド** ★(社)日本図書館協会選定図書　☆全国学校図書館協議会選定図書 | －複合遺産編－ | | | |
| 世界遺産総合研究センター編 | ISBN4-916208-43-9 | 定価2100円 | 2001年4月 | |
| **世界遺産ガイド** | －危機遺産編－　2004改訂版 | | | |
| 世界遺産総合研究所編 | ISBN4-916208-82-X | 定価2100円 | 2003年11月 | |
| **世界遺産ガイド** ★(社)日本図書館協会選定図書 | －日本編－　2004改訂版 | | | |
| 世界遺産総合研究所編 | ISBN4-916208-93-5 | 定価2100円 | 2004年9月 | |
| **世界遺産ガイド** | －日本編－　2.保存と活用 | | | |
| 世界遺産総合研究センター編 | ISBN4-916208-54-4 | 定価2100円 | 2002年2月 | |
| **世界遺産ガイド** | －朝鮮半島にある世界遺産－ | 新刊 | | |
| 世界遺産総合研究所編 | ISBN4-86200-102-5 | 定価2100円 | 2005年6月 | |
| **世界遺産ガイド** ★(社)日本図書館協会選定図書　☆全国学校図書館協議会選定図書 | －中国・韓国編－ | | | |
| 世界遺産総合研究センター編 | ISBN4-916208-55-2 | 定価2100円 | 2002年3月 | |
| **世界遺産ガイド** | －中国編－ | | | |
| 世界遺産総合研究所編 | ISBN4-916208-98-6 | 定価2100円 | 2005年1月 | |
| **世界遺産ガイド** ★(社)日本図書館協会選定図書 | －北東アジア編－ | | | |
| 世界遺産総合研究所編 | ISBN4-916208-87-0 | 定価2100円 | 2004年3月 | |
| **世界遺産ガイド** ★(社)日本図書館協会選定図書 | －アジア・太平洋編－ | | | |
| 世界遺産研究センター編 | ISBN4-916208-19-6 | 定価2000円 | 1999年3月 | |
| **世界遺産ガイド** ★(社)日本図書館協会選定図書 | －オセアニア編－ | | | |
| 世界遺産総合研究所編 | ISBN4-916208-70-6 | 定価2100円 | 2003年5月 | |
| **世界遺産ガイド** ★(社)日本図書館協会選定図書 | －中央アジアと周辺諸国編－ | | | |
| 世界遺産総合研究センター編 | ISBN4-916208-63-3 | 定価2100円 | 2002年8月 | |
| **世界遺産ガイド** ★(社)日本図書館協会選定図書　☆全国学校図書館協議会選定図書 | －中東編－ | | | |
| 世界遺産研究センター編 | ISBN4-916208-30-7 | 定価2100円 | 2000年7月 | |
| **世界遺産ガイド** ★(社)日本図書館協会選定図書 | －イスラム諸国編－ | | | |
| 世界遺産総合研究所編 | ISBN4-916208-71-4 | 定価2100円 | 2003年7月 | |
| **世界遺産ガイド** ★(社)日本図書館協会選定図書　☆全国学校図書館協議会選定図書 | －西欧編－ | | | |
| 世界遺産研究センター編 | ISBN4-916208-29-3 | 定価2100円 | 2000年4月 | |

## 世界遺産シリーズ

| 世界遺産シリーズ | | | | |
|---|---|---|---|---|
| **世界遺産ガイド** －ドイツ編－ 【新刊】 | | | | |
| 世界遺産総合研究所編 | ISBN4-86200-101-7 | 定価2100円 | 2005年6月 | |
| **世界遺産ガイド** －北欧・東欧・CIS編－ ★(社)日本図書館協会選定図書 ☆全国学校図書館協議会選定図書 | | | | |
| 世界遺産研究センター編 | ISBN4-916208-28-5 | 定価2100円 | 2000年4月 | |
| **世界遺産ガイド** －アフリカ編－ ★(社)日本図書館協会選定図書 ☆全国学校図書館協議会選定図書 | | | | |
| 世界遺産研究センター編 | ISBN4-916208-27-7 | 定価2100円 | 2000年3月 | |
| **世界遺産ガイド** －アメリカ編－ ★(社)日本図書館協会選定図書 | | | | |
| 世界遺産研究センター編 | ISBN4-916208-21-8 | 定価2000円 | 2001年4月 | |
| **世界遺産ガイド** －北米編－ ★(社)日本図書館協会選定図書 | | | | |
| 世界遺産総合研究所編 | ISBN4-916208-80-3 | 定価2100円 | 2004年2月 | |
| **世界遺産ガイド** －中米編－ | | | | |
| 世界遺産総合研究所編 | ISBN4-916208-81-1 | 定価2100円 | 2004年2月 | |
| **世界遺産ガイド** －南米編－ | | | | |
| 世界遺産総合研究所編 | ISBN4-916208-76-5 | 定価2100円 | 2003年9月 | |
| **世界遺産ガイド** －都市・建築編－ ★(社)日本図書館協会選定図書 | | | | |
| 世界遺産研究センター編 | ISBN4-916208-39-0 | 定価2100円 | 2001年2月 | |
| **世界遺産ガイド** －産業・技術編－ ★(社)日本図書館協会選定図書 ☆全国学校図書館協議会選定図書 | | | | |
| 世界遺産研究センター編 | ISBN4-916208-40-4 | 定価2100円 | 2001年3月 | |
| **世界遺産ガイド** －産業遺産編－保存と活用 【新刊】 | | | | |
| 世界遺産総合研究所編 | ISBN4-86200-103-3 | 定価2100円 | 2005年4月 | |
| **世界遺産ガイド** －名勝・景勝地編－ ★(社)日本図書館協会選定図書 | | | | |
| 世界遺産研究センター編 | ISBN4-916208-41-2 | 定価2100円 | 2001年3月 | |
| **世界遺産ガイド** －国立公園編－ ★(社)日本図書館協会選定図書 | | | | |
| 世界遺産総合研究センター編 | ISBN4-916208-58-7 | 定価2100円 | 2002年5月 | |
| **世界遺産ガイド** －19世紀と20世紀の世界遺産編－ | | | | |
| 世界遺産総合研究センター編 | ISBN4-916208-56-0 | 定価2100円 | 2002年7月 | |
| **世界遺産ガイド** －歴史都市編－ ★(社)日本図書館協会選定図書 | | | | |
| 世界遺産研究センター編 | ISBN4-916208-64-1 | 定価2100円 | 2002年9月 | |
| **世界遺産ガイド** －歴史的人物ゆかりの世界遺産編－ | | | | |
| 世界遺産研究センター編 | ISBN4-916208-57-0 | 定価2100円 | 2002年10月 | |
| **世界遺産ガイド** －宗教建築物編－ | | | | |
| 世界遺産総合研究所編 | ISBN4-916208-72-2 | 定価2100円 | 2003年6月 | |
| **世界遺産ガイド** －人類の口承及び無形遺産の傑作編－ ★(社)日本図書館協会選定図書 | | | | |
| 世界遺産総合研究センター編 | ISBN4-916208-59-5 | 定価2100円 | 2002年4月 | |

## 世界の文化シリーズ

| | | | |
|---|---|---|---|
| **世界無形文化遺産ガイド** －人類の口承及び無形遺産の傑作編－2004改訂版 | | | |
| 世界遺産総合研究所編 | ISBN4-916208-90-0 | 定価2100円 | 2004年5月 |
| **世界無形文化遺産ガイド** －無形文化遺産保護条約編－ | | | |
| 世界遺産総合研究所編 | ISBN4-916208-91-9 | 定価2100円 | 2004年6月 |

## ふるさとシリーズ 誇れる郷土ガイド

| | | |
|---|---|---|
| －東日本編－ ☆全国学校図書館協議会選定図書 シンクタンクせとうち総合研究機構編　ISBN4-916208-24-2 | 1999年12月 | 定価2000円 |
| －西日本編－ ☆全国学校図書館協議会選定図書 シンクタンクせとうち総合研究機構編　ISBN4-916208-25-0 | 2000年1月 | 定価2000円 |
| －北海道・東北編－ シンクタンクせとうち総合研究機構編　ISBN4-916208-42-0 | 2001年5月 | 定価2100円 |
| －関東編－ シンクタンクせとうち総合研究機構編　ISBN4-916208-48-X | 2001年11月 | 定価2100円 |
| －中部編－ シンクタンクせとうち総合研究機構編　ISBN4-916208-61-7 | 2002年10月 | 定価2100円 |
| －近畿編－ シンクタンクせとうち総合研究機構編　ISBN4-916208-46-3 | 2001年10月 | 定価2100円 |
| －中国・四国編－ シンクタンクせとうち総合研究機構編　ISBN4-916208-65-X | 2002年12月 | 定価2100円 |
| －九州・沖縄編－ シンクタンクせとうち総合研究機構編　ISBN4-916208-62-5 | 2002年11月 | 定価2100円 |
| －口承・無形遺産編－ シンクタンクせとうち総合研究機構編　ISBN4-916208-44-7 | 2001年6月 | 定価2100円 |
| －全国の世界遺産登録運動の動き－ 世界遺産総合研究所編　ISBN4-916208-69-2 | 2003年1月 | 定価2100円 |
| －全国47都道府県の観光データ編－ シンクタンクせとうち総合研究機構編　ISBN4-916208-74-9 | 2003年4月 | 定価2100円 |
| －全国47都道府県の誇れる景観編－ シンクタンクせとうち総合研究機構編　ISBN4-916208-78-1 | 2003年10月 | 定価2100円 |
| －全国47都道府県の国際交流・協力編－ シンクタンクせとうち総合研究機構編　ISBN4-916208-85-4 | 2004年4月 | 定価2100円 |
| －日本の伝統的建造物群保存地区編－ 世界遺産総合研究所編　ISBN4-916208-99-4 | 2005年1月 | 定価2100円 |
| －日本の国立公園編－ 世界遺産総合研究所編　ISBN4-916208-94-3 | 2005年3月 | 定価2100円 |

### 誇れる郷土データ・ブック －全国47都道府県の概要－2004改訂版
シンクタンクせとうち総合研究機構編　ISBN4-916208-77-3　定価2100円　2003年12月

### 日本ふるさと百科 －データで見るわたしたちの郷土－
シンクタンクせとうち総合研究機構編　ISBN4-916208-11-0　定価1500円　1997年12月

### 環日本海エリア・ガイド
シンクタンクせとうち総合研究機構編　ISBN4-916208-31-5　定価2100円　2000年6月

### 環瀬戸内海エリア・データブック
シンクタンクせとうち総合研究機構編　ISBN4-9900145-7-X　定価1529円　1996年10月

---

## シンクタンクせとうち総合研究機構

事務局　〒731-5113　広島市佐伯区美鈴が丘緑三丁目4番3号
書籍のご注文専用ファックス☎082-926-2306　電子メールsri@orange.ocn.ne.jp
※シリーズや年度版の定期予約は、当シンクタンク事務局迄お申し込み下さい。